# 科学に魅せられて

## 女性研究者という生き方

高橋真理子

日本評論社

# まえがき

女性研究者を訪ね歩き、どのような道を歩んで「いま」に至ったのかを語っていただくインタビューシリーズをアエラドット（https://dot.asahi.com/list/column/takahashi_m）で二〇二三年一月から一年余り続けました。研究者における女性比率が世界のなかで格段に低い日本では、どこの現場でも女性は孤立無援のような状況になりがちです。そんな中でも優れた仕事をされている方はたくさんいらっしゃいます。でも、そのことはその分野の専門家たちしか知りません。もっと多くの人に知ってほしいと、年代、専門分野などがなるべくバラエティに富むように心がけて二十七人にじっくりお話を聞きました。それらに、女性で初めて自然科学分野から文化勲章を受けた太田朋子さんのインタビューを加え、改めてまとめたのが本書です。

アエラドットの連載を読んだある男性研究者（一九五九年生まれ）が、こう言いました。「年上の女性研究者たちがあんな苦労をされていたなんて、まったく知らなかった。楽しく研究されてきたとばかり思っていた」。

そう、普段は苦労を表に出さない人たちが多いのです。そうやって前に進んできたのだと思います。世間には知られていない苦労話も家庭内のことも、インタビュアーから聞かれたから話してくださった。朝日新聞社で四十二年余り働き、ジャーナリストとして経験を積み重ねてきた私だから聞き出せたと、そこはちょっと自負してもいいのかなと思います。

この本は、日本社会のメインストリームを歩いてきた男性たちにぜひ読んでほしいと思います。競争社会のなかで女性のことなど眼中になかったという方にこそ読んでいただきたい。女性研究者がやり遂げた見事な成果の数々にきっと視野が広がります。

言うまでもなく、女性たちにも読んでほしい。年を重ねた女性たちは、ご自身の経験と重なる部分に大いに共感するでしょう。同時に、日本社会が確実に変化してきていることに希望を持てるに違いありません。

もちろん、いちばん手に取ってほしいのは何と言っても若い女性たちです。案外多くの女性研究者たちが「若いころは何になりたいという明確な目標はなかった」と言っていることに、驚き、もしかすると少し安心するのではないでしょうか。「昭和の日本」での体験談は驚きの連続かもしれません。でも、「平成・令和の日本」の体験談もあります。その双方から、生き方を考えるうえで参考になる視点をたくさん引き出せるでしょう。それらを自分の中に取り込んだうえで、どうぞ「自分自身」とよく対話してください。自分が好きなことは何なのか。やりたいことは何なのか。逆に、どんなことはやりたくないのか。どんなことなら頑張れるのか。そして、多様な人たちとつながりながらこれからの日本社会を創っていってほしいと思います。

おっと、若い男性たちを忘れてはいけませんね。皆さんもこれからの日本社会を創っていく人たちです。「自分には関係ない」と思わずに読んでみてください。「好きなこと」をやり続けた、いえ、今もやり続けている人たちの体験談からきっと得られるものがありますよ。

アエラドットの連載では、朝日新聞出版の鎌田倫子さん、熊澤志保さん、尾木和晴さんにお世話になりました。出版にあたっては、日本評論社の入江孝成さん、大賀雅美さん、そしてデザイナーの蔦見初枝さんに助けていただきました。書籍化は岩波書店で長く科学出版に携わってこられた吉田宇一さんのお力添えで実現しました。皆さんに御礼申し上げます。なにより、インタビュー取材に応じてくださった二十八人の方々に心から感謝します。そして、本書を手に取ってくださった皆様、ありがとうございます。本書のために書き下ろした終章もぜひお目通しください。

二〇二四年六月

高橋真理子

まえがき　i

序章　1

太田朋子さん（集団遺伝学）　2
孤立無援から栄光へ、「中立説」に対抗する進化学説の長い道のり

第1章　生物・生命科学　17

西村いくこさん（植物細胞生物学）　18
カボチャの種を研究し続け、つかんだ大学教授への道

長谷川真理子さん（進化生物学）　30
「生物を丸ごと研究したい」　学会を新たに作って初志貫徹

篠崎和子さん（植物分子生理学）　45
乾燥に耐える植物の仕組みを解明し、夫と共同で学士院賞

森　郁恵さん（神経科学）　57
「好きに生きる」　遺伝子と行動の関係を線虫で探る

科学コミュニケーション副専攻をつくった生命科学者の突破力
野口範子さん（生命科学）71
妻が教授、夫が助教授の「家庭内アファーマティブアクション」
粂 昭苑さん（細胞生物学）85
「家族は一緒に暮らす」を貫き、アメリカと日本で「生命の起源」研究
鈴木志野さん（地球生命科学）96


## 第2章 数学・物理学

第2章 数学・物理学 111
結婚してから家で論文を書き、世界的数学者に
石井志保子さん（代数幾何学）112
大学からも政府からも頼りにされ、数学研究も研究運営も全力投球
小谷元子さん（離散幾何解析学）124
「心身がガタガタだった」三十代からの大いなる復活
大竹淑恵さん（中性子物理学）136

ウジウジ悩みながら五百人の国際チームを率いた
市川温子さん（素粒子実験）149
女性初の南極越冬隊員の経験が大学業務に生きる
坂野井和代さん（地球物理学）162
日本では味わえない解放感をデンマークで知る
御手洗菜美子さん（生物物理）176
数学の世界にダイバーシティーとインクルージョンを
佐々田槙子さん（確率論）190

第3章　化学・工学　205

四十二歳で大学院へ、主婦から教授になった緑地デザインの開拓者
石川幹子さん（都市環境学）206
大学が女性に冷たかった時代を生き抜いた化学者の自負
西川恵子さん（物理化学）220

高卒扱いでの就職から「かわいい工学」を創始するまで
大倉典子さん（感性工学）234
週末は子供のスポーツ活動を全力支援、金属学者の心意気
梅津理恵さん（金属学）249
データベースで新材料開発　「研究と子育ては完全につながっている」
桂　ゆかりさん（材料科学）263
世界を放浪して都市工学者になったシングルマザーの意欲満々
小野　悠さん（都市工学）275

第４章　医学・心理学ほか　289

熱帯病・フィラリアの撲滅に「命をかけてきた」元ＷＨＯ統括官
一盛和世さん（国際公衆衛生）290
「多動」をパワーに大学を改革し、「司法面接」を広めた心理学者
仲　真紀子さん（法と心理学）303

再生医療の普及に執念を燃やす iPS細胞応用のパイオニア
高橋政代さん（再生医療）316
親と意見が合わず三年間引きこもりから、研究と社会をつなぐ仕事へ
堀口逸子さん（公衆衛生学）333
学問の壁を乗り越え探究、引け目を脱して経済学に新風を吹き込む
小林佳世子さん（行動経済学）349
「男女差の研究を薬に生かしたい」 出産で固まった決意
黒川洵子さん（性差薬学）362
遠距離結婚でワンオペ育児も苦にせず、神経難病の薬開発を目指す
村松里衣子さん（神経薬理学）376

**終章** 391
文化勲章は「日本古来の思想」を表す／女性たちの語りから日本社会の変化がくっきり見えた／猿橋勝子さんが果たした大きな役割／家庭でのタスク分担における意識革命

出典と参考文献 402
初出一覧 404

# 序章

もつと本質的に女性と科學といふ問題を熟考して見るならば、何等の誇張なしに、女子も亦男子と同等に學問をなすべきものであると斷言することができる。

（一九四〇年の寄稿から）

化学者・加藤セチ

かとう・せち　北海道帝国大学農科大学で学び、理化学研究所に入所。そこでの研究成果で京都帝国大学から理学博士授与。日本で三人目の女性理学博士。一九五一年に理研で女性初の主任研究員となった。一九八九年没。

# 孤立無援から栄光へ、「中立説」に対抗する進化学説の長い道のり

集団遺伝学

## 太田朋子さん

おおた・ともこ
1933年愛知県生まれ。東京大学農学部農学科卒、木原生物学研究所を経てアメリカ・ノースカロライナ州立大学大学院博士課程修了、Ph.D. 1967年から学術振興会奨励研究員として国立遺伝学研究所に。1969年から研究員、1984年に教授となり、1996年から名誉教授。2015年スウェーデン王立科学アカデミーからクラフォード賞、2016年文化勲章。
（写真：2016年の文化勲章受章に際して公表された肖像写真）

文化勲章を自然科学の領域から女性で初めて受けたのが、集団遺伝学者の太田朋子さんである。二〇一六年のことで、美術家の草間弥生さんと脚本家・小説家の平岩弓枝さんと同時だった。つまり、この年は史上初めて女性のトリプル受章となったのだった。

「集団遺伝学」とは、数学を駆使して生物集団の遺伝的な構造を解明していく学問分野である。一九三〇年代に生まれたとされているが、はっきり言って、理解するのが難しい。太田さんは一九八一年に第一回猿橋賞（五十歳未満の第一線で活躍する女性科学者に贈られる賞）を受賞し、それが新聞・テレビで報道されて世間に知られるようになった。私が太田さんのことを知ったのも、その記事を読んでからだが、研究内容は今一つピンと来なかった。朝日新聞に入社して三年目、岐阜支局で県政を担当し、科学とは縁遠い取材に追いまくられていたときだった。

集団遺伝学の世界では、何と言っても国立遺伝学研究所（遺伝研）の木村資生《もとお》さん（一九二四-一九九四）が有名だった。「分子レベルの進化では、生存に有利でも有害でもない、中立な突然変異が頻繁に起こり、それが主役を演じていると考えざるを得ない」という「中立説」を一九六八年に『ネイチャー』に発表した学者だ。

ダーウィン（一八〇九-一八八二）の進化論は、当時主流だった「生物は神が創造した」という考えに対して「長い時間をかけて進化したものだ」と反駁し、そのうえで「生物の進化を促したのは自然選択だ」と主張するものだった。環境に適応したものが多くの子孫を残し、適応できないものは次第に淘汰されていく。このメカニズムで生物は進化してきたとする考え方だ。

木村さんの中立説は、分子レベルの話とはいえ、淘汰されるかどうかに関係のない（中立な）偶然が主役だというのだから、世界的に大きな論争が巻き起こったのも当然だろう。ところが、学界ではこれが比較的スムーズに受け入れられていく。ダーウィンやメンデル（一八二二–一八八四）が注目した「生物の姿かたち（表現型）」は長い期間変わらない種もあれば進化が早くどんどん変わっていく種もある。一方で、分子レベルの進化はほぼ一定の速度で進む。つまり、表現型の進化と分子進化は対立するものではなく、それぞれ進化の別の側面を見ているものと考えられたからだ。

木村さんは中立説の提唱により文化勲章（一九七六年）はじめ、国内外で数々の栄誉を受けた。その木村さんと太田さんは遺伝研で長年、共同研究を続けた。だから、「木村さんの研究を支えた女性研究者」と、いわば「縁の下の力持ち」の役回りと見なされることが多かった。告白すれば、私も長年そう思い込んでいた。日本社会に根深くはびこっている「主役は男、女は脇役」という「役割分担意識」に、私自身は反発しながらも実は毒されていたことを痛感する。

しかし、太田さんは「中立説」とは異なる独自の「ほぼ中立説」を、木村さんの反対を押し切って一人で論文にまとめて発表していた。その内容は当初、ほとんどの研究者に理解されず、相手にされない状態が長く続いた。変化が起きたのは二十一世紀に入ってからだ。次第に「中立説」よりも「ほぼ中立説」のほうが自然現象をよく説明できると気づく研究者が増え、重要な学説であるという認識が広がっていった。二〇一五年にスウェーデン王立科学アカデミーが「もう一つのノーベル賞」とも呼ばれている「クラフォード賞」を授与。その翌年、自然科学分野から女性初の文化勲章に輝いたのだった。

一九三三（昭和八）年、愛知県三好村（現・みよし市）生まれ。東京大学を卒業したけれど就職がうまくいかず、悩み惑うなかから遺伝学の研究への道が開かれて行った。いや、自ら道を切り開いていったのである。

## 小六で敗戦、生活がガラッと変わった

**どんな子ども時代を過ごされたのですか？**

家は小さい地主でした。戦前は年貢米で生活ができましたが、小六のときに敗戦になって、それで生活がガラッと変わった。土地を全部とられて、貧乏になりました。父は小さな田を耕すようになったけれど、体を鍛えていないから朝から晩までは働けない。細々と食べる分だけ作っていました。

二歳上の姉とよく人形遊びをしました。姉は少女小説が好きで、本ばかり読んでいたんですけれど、私は本が好きじゃなくて、外でセミを取ったりして遊び歩いていた。（旧制）女学校三年生のときに新制高校に変わってそのまま愛知県立挙母《ころも》高等学校（現在の豊田西高校）に進みました。女学校のときにわりといい先生にめぐりあって、数学、物理、英語は喜んで勉強しました。幾何の問題を解くのは面白かったですね。塾なんてないし、私は部活もやらなかったから、時間はいくらでもあった。

九歳上の一番上の姉が医者になりまして、「基礎だけは中高のころにしっかりやりなさい」とよく言っていたので、自然と女の人も勉強は大事だと思っていました。だから高校のときは一生懸命勉強しま

した。この姉は私が高校三年のときに病死し、本当につらく悲しい思いをしました。

## 医学部進学試験に受からず、東京大学に編入

**入学されたのは名古屋大学なんですね。**

はい。国公立を受ける女性は数えるほどしかいませんでしたが、私は地元の名大に受かりました。教養部の同じクラスに岡崎恒子さんがいました。

**え、そうだったんですか！「岡崎フラグメント」(一)で知られる、自然科学分野で二人目の女性文化勲章受章者となった岡崎恒子さんですよね？そのお二人が大学で同級生だったとは！**

当時は結婚前で、恒子さんは原という苗字でした。私の旧姓は原田で、名簿順で隣だったんですよ。だから、よく一緒にいました。恒子さんは原医院のお嬢さんで、三年生から理学部生物学科に進んで、結婚して留学してフラグメントを見つけて有名になっちゃって、そのあいだ私は指をくわえて見ていた感じです。

こちらは田舎の貧乏娘で、女の人が職業を持てるのは医者ぐらいしかないと、周囲のみーんなが言っていたので、三年生になったら医学部に進もうとしたんですけど、進学試験に落ちてしまった。もともと亡くなった姉が医者になって苦労しているのを見ているし、自分にお医者さんができるかな？って

いう気持ちもあったので、二つ上の姉が東大農学部に編入試験があると見つけてくれたのを幸いに、東京に出てきて筆記試験を受けました。そうしたら数学の問題が解けちゃって、いい点をとったらしく、農学科（現在の応用生物学専修）に編入できました。

でも、あんまり面白い講義はなくてね。卒業するとき農業系の公務員試験を受けたのだけれど、これも落ちちゃった。仕方がないので郷里に帰って腰掛け的に先生をやりました。そうしたら、東京の出版社を紹介してくれる人がいて、化学の百科事典を作るということで入社しました。でも、ミスばかりして、この仕事は自分に向いていないと思った。

自分は何をやりたいのかと考えたとき、高校のころにメンデルの法則に出会って遺伝学に興味を持ったことを思い出しました。当時、東大（本郷）のすぐ前に義理の伯父が住んでいて、東大の耳鼻咽喉科の教授をやっていたんです。それで、遺伝学をやりたいと相談にいくと、木原均先生を紹介してもらえました。

(一) 岡崎恒子さん（一九三三－）と夫の令治さん（一九三〇－一九七五）が共同研究するなかで発見した「遺伝子複製のときに現れるDNA断片」のこと。令治さんは若くして病没したが、恒子さんは名古屋大学初の女性教授となり、二〇二一年には女性の自然科学者として二人目となる文化勲章を受けた。

## 木原生物学研究所でコムギの染色体を研究

**木原均さん（一八九三－一九八六）は、コムギの祖先を発見したことや種無しスイカを作り出したことで知られる遺伝学者ですね。近代遺伝学の創始者の一人とされ、京都大学教授や国立遺伝学研究所の第二代所長などを務められた。戦時中の一九四二年に木原生物学研究所を京都に創設し、京都大学の定年に合わせて一九五七年にこれを横浜に移しました。**

はい、その横浜の研究所をたずねて行きました。私は「研究を手伝わせてください」と直談判でお願いしました。そうしたら、その場で採用が決まった。臨時雇用という形です。このとき木原先生に拾っていただいたお陰で、遺伝学の研究への道が開けたんです。

そこではいろんな系統のコムギを育てていました。その中に特定の染色体が欠けているため背丈の小さい「ドワーフ」と呼ばれるものがあったのですが、その中からときたまニューっと大きくなるのが出てくる。そのメカニズムを一緒に調べることになって、私は染色体の形を顕微鏡で一生懸命調べました。これは論文にして発表しました。このとき顕微鏡で植物の染色体を見る経験をしたのはとても良かった。

木原研究所には四年ほどいたんですかね。同じ研究所にいた四歳年上の研究者と二十六歳のときに結婚しました。二人とも若くて、まあ、向こう見ずな結婚ですね。彼はトウガラシとかをやっていて、アメリカ・ノースカロライナ州立大学にいた集団遺伝学者の小島健一先生とも知り合いでした。それで小島先生がカップルで呼んでくれて、二人でアメリカに留学しました。私はそこで集団遺伝学の勉強をして、学位論文を書くまで四年もいた。この大学には南米の学生を教育するプロジェクトがあって、メンバーにはマクリントックさんもいたんですよ。

**へえ。一九八三年に単独でノーベル医学生理学賞を受賞した、あのバーバラ・マクリントック(二)さんに若いときにお会いになっていたんですか。**

彼女は本当に仕事に打ち込んできた人です。でも、私は当時「タダの学生」でしたから、マクリントックさんと話す機会はありませんでした。

アメリカにいた最後の年に長女が生まれました。彼は三年で帰国して、そこからまた海外に出たので、一人で子育てすることになりましたが、小島先生の奥さんが親切に面倒を見てくれましたし、保育園は生まれたての子でも預かってくれたし、みんな協力的で人間関係もさっぱりしているので、いい雰囲気でした。お金はあまりなかったけれど、質素に生活するには十分でしたし。だから日本にあんまり帰りたくなかった。

(二) Barbara McClintock（一九〇二–一九九二）：トウモロコシの遺伝をコツコツと研究し、「動く遺伝子（トランスポゾン）」を見つけた業績で一九八三年に単独でノーベル医学生理学賞を受けた女性研究者。八十一歳で受賞の知らせを受けたとき「まあ！」と言っただけでトウモロコシ畑に戻っていったというエピソードは有名。

## アメリカ留学から戻り、遺伝研へ

博士論文が通ったので、一九六六年九月に生後半年の娘とともに帰国しました。私は集団遺伝学の仕事を続けたいという強い意志がありましたけど、どうなるかわからず、ハッピーではなかった。しばらく夫の実家や自分の実家で過ごしました。小島先生が、ショウジョウバエの研究で有名な森脇大五郎(三)先生に、私が日本学術振興会から奨学金(特別研究員奨励費)をもらえるようにサポートを頼んでくださっていました。それが通ったという返事を自分の実家にいるときにもらって、ようやくホッとしました。

**太田さんが遺伝研に入られたのは、森脇さんが所長になられる前ですね。**

はい。帰国翌年の一九六七年四月から奨学金をもらって「奨励研究員」として遺伝研に入りました。そのときのボスが木村資生さんです。当時、木村先生は遺伝研にしっかりした集団遺伝学のグループを作ろうとしていました。

**木村さんも京都大学の木原研究室のご出身ですね。**

ええ。遺伝研に入ってからアメリカに留学して集団遺伝学を学ばれました。木村先生はいわゆる日本男児。私が初めて会ったとき「女の人には向かない仕事」とはっきり言った。小島先生や森脇先生が頼んでくださったので、木村先生は「短期ならいいでしょう」と受け入れてくれたんです。先入観として女性を認めていなかったですね。

## そう言われて、どう思ったのですか？

ハッキリ言う人だなと思った。私の場合、話が下手だし、モタモタした感じだし、そんな風なことは今までも言われてきたので、気にしなかったですね。とにかく、集団遺伝学の仕事ができるのが嬉しかった。あのころは、確率過程(四)に関する問題がたくさんありました。

二つの遺伝子が世代を超えても一緒に遺伝することを「連鎖」といいます。二つの遺伝子が同じ染色体にのっていれば連鎖しやすいわけですが、染色体の組み換えが起こると、二つがわかれることがある。それと偶然に起こる「遺伝的浮動」との兼ね合いで、二つの遺伝子の結びつきの強さが変わっていきます。その強さについて、平均値ではなくゆらぎの大きさを計算しました。その仕事は(奨励研究員の期間である)二年で終わるものでなく、七、八年続けました。私も相当計算しました。最初の二年の仕事を見て、木村先生は見込んでくれたのでしょう。私は遺伝研の正式な研究員となり、太田-木村や木村-

(三) もりわき・だいごろう(一九〇六-二〇〇〇)：ショウジョウバエの突然変異を数多く見つけた研究者。長年、東京都立大学教授を務め、一九六九年に第三代遺伝研所長になった。

(四) 時間とともに変動する偶然現象を記述するための数学モデルのこと。

太田の論文をいくつも書きました。

🪰科学論文の場合、一般的に最初に名前が出る「ファーストオーサー（第一筆者）」がその研究の中心人物ですから、どちらの名前が先かが重要なんですね。一九六八年に発表された「分子進化の中立説」は、木村さんが単独で書かれた論文でした。この「中立説」は国内外で非常に有名になった。そんな中で太田さんが一九七三年に単独で『ネイチャー』に出したのが「分子進化のほぼ中立説」です。当初はまったく注目されず、その後に高く評価されるようになったわけですが、太田さんが二〇二〇年に出された『信じた道の先に、花は咲く——86歳女性科学者の日々幸せを実感する生き方』（マガジンハウス）に、この論文は木村さんや同僚に黙って投稿したと書いてあり、びっくりしました。

私は木村先生の中立説ではうまく説明できない点があると気になって、中立な変異のほかに「少し有利」、「少し有害」といった弱い効果を持つ「ほぼ中立」な変異もあると考えると問題点が解決すると気づいたんです。ところが、その話をすると、木村先生や同僚の研究者たちからえらく批判され、議論をしようとしてもけんかみたいになってしまった。それで黙って投稿しました。幸い、すぐに『ネイチャー』に論文が掲載されたのですが、それでも相手にしてもらえない時期が長く続きましたよ。

国内ではみんな中立説を信奉するようになってしまって、中立説で全部説明できると思っちゃったんですよ。私の説は中立説をわかりにくくしただけと受け止められた。木村先生だけでなく、ほとんどの集団遺伝学者から批判されました。だいたい、中立説とほぼ中立説の違いがわからない人も多いですし、私をサポートしてくれる人は少数派でした。

## 「長生きしたから評価されるようになった」

**それでも木村さんとの共同研究は続いたのですね。**

はい。私は、「ほぼ中立説」の良さをうまいこと示す方法を考え付くことができず、それでこれは棚上げにして別のテーマに移りました。たとえば大野乾(五)さんが提唱して有名になった遺伝子重複説です。遺伝子が進化の過程でいくつも重複してそれがちょっと分化していろんな機能を持つようになったという説ですが、これを集団遺伝学の理論で調べた。そんなにスッキリした理論はできないんですが、いっぱい面白いことがありました。

木村先生は個人主義を徹底していて、研究室のどのメンバーも木村先生の指図を受けることなく個人ベースで仕事をしていました。それは木原先生からの伝統で、日本の一般的な研究室ではプロフェッサーがいばっていたから、その点は恵まれていました。木村先生自身、昼前は家で仕事をしていて、研究所に出てくるのはお昼ごろ。私は一人で子育てしていたので、娘が病気になったら休んでいましたけど、木村先生は何も言わなかった。理論の仕事なので、家でもできますし。夏休みは娘を私の実家のあとを

(五) おおの・すすむ(一九二八-二〇〇〇):専門は遺伝学、進化生物学。長年、アメリカで研究を続けた。

とっていた妹一家に預けたこともありました。娘は向こうのいとこたちとはきょうだいみたいに育ちましたね。夫とはお互いの仕事の関係で別居が続き、一緒に（遺伝研のある）三島で暮らしたのはほんのわずかな期間で、結局、娘が小学校に入学してまもなく離婚しました。

## 旧姓には戻らなかったのですね。

私がこだわったのは、七三年の論文を太田姓で出しちゃったこと。それを変えるのは嫌だったんです。でも、この仕事が認められるようになったのは、本当に最近なんですよ。二〇〇九年はダーウィン生誕二〇〇年で、そのときに進化に関する解説論文が『ネイチャー』にいくつか出ましたが、私の名前なんて一つも出てこなかった。がっかりしたのを覚えています。木村先生の名前は入っていました。ほんとに、ついこの間のことですよ。生物学がゲノムのデータをたくさん取るように変わってきて、それで私が言った弱い効果を持つ「ほぼ中立」な変異が実際にあると見えてきたんです。私は長生きしたからこうやって評価されるようになったんだと、研究室の若い人たちに言っているんです。

## 定年退職して名誉教授になったあとも、研究所に通われているんですね。

定年後も二年間は客員教授にしていただいて仕事をしました。その後数年は週に三日ほど行き、その後は徐々に仕事を減らし、九十歳になって週に一日になりました。午前中だけ研究所に行き、新しい論文を読んだりしています。健康で通えているのはありがたいことですし、論文を読んで若い人たちと議論できるのは楽しい。娘は高校の国語の先生になって、結婚し、今は退職して、家族三人で三島市の隣り町に住んでいます。私はずっと三島市の自宅で一人暮らしを楽しんでいます。

## 進化はあまりに複雑、鍵は「ゆらぎ」

**振り返ってみて、木村先生は太田さんにとってどのような存在なんでしょうか。**

拡散方程式を扱うことに関しては先生です。私より上手です。私はとてもじゃないが木村先生にかないません。ただ、彼はシンプル&エレガンスが好きなので、面倒なことは考えません。現実の複雑さをいろいろと考えてみるような分野は得意ではないんです。とにかくオプティミスティック（楽観的）過ぎる。彼が著した岩波新書（『生物進化を考える』一九八八年）も、ものすごくオプティミスティックですよ。あの当時得られた理論で全部説明できると思って書いている。でも、現実はそんなにシンプルではないんです。

「これは単純すぎる」と言うと、彼は怒り出す。複雑なことは大嫌い。そのへんのところでは「先生」というより「同僚」だったと言って、う〜ん、いいのかどうか。職場の「上司」だったのは間違いありません。木村先生の遺したことは、拡散モデルを分子進化に結び付けたこと。それを表現型に結び付けるところは木村先生の領域ではありません。晩年は形態進化が遺伝的浮動によるとまでおっしゃっていて、私はついていけませんでした。

生物に都合の良いものがランダムなプロセスからポコッと出てくるわけがないと私は思っている。遺伝子もたんぱく質も、それらの細胞内での働きがお互いにつながっていて、詳しく調べれば調べるほどいろんなつながりがわかってくる。それはあまりに複雑で、集団遺伝学のシンプルなモデルでは手に負えないんですよ。進化は人間の頭で理解するには複雑すぎるとつくづく思います。

ただ、鍵となるのは「ゆらぎ」だと思います。複雑なシステムは、ある程度ゆらぎがないと動きがとれない。ゆらぎは、環境の変化にあるかもしれないけれど、遺伝子の方でも偶然の遺伝的浮動によってゆらぎが生まれます。それがシステムを変えていく上で、つまり進化する上で役立つはずだと思うのです。遺伝子とたんぱく質のつながりとは、すなわちネットワークですね。このネットワークが頑健であることはわかっています。頑健であるということは、打たれ強い、すなわち悪い突然変異が起こっても、それによる悪影響が小さくなるような柔軟なネットワークなのです。したがって小さい効果の突然変異、すなわち「ほぼ中立」な突然変異が増え、それが進化にとって必要な「ゆらぎ」をもたらすのではないか。こうした観点から「ほぼ中立説」と「複雑システムの進化」との関係について模索しています。

# 1

# 生物
# 生命科学

日本の場合、女性にも無自覚な点がある。大学卒業の喜びを振袖で表すなどは実に意識が低いと思う。これに対し「女性が美しいのは良いことだ」という反論もあるが、男女の考え方が日本ではずれており、それが大問題であると思う。すなわち、真の意味の自由人権、男女同権が認められていないのである。…女性研究者は日本には住み難い。私も日本にいたら、もっと早く研究ができなくなったのではないか。フランスでは根本で女性の権利を認めている。

（一九七七年のお茶の水女子大学における講演要旨から）

物理学者・湯浅年子

東京女子高等師範学校（現・お茶の水女子大学）卒業後、東京文理科大学（その後、東京教育大学を経て筑波大学）物理学科卒。フランスに渡り、キュリー夫人の女婿フレデリック・ジョリオ＝キュリー氏のもとで研究し、理学博士の学位取得。パリで研究を続けた。一九八〇年、パリ郊外の病院で没。

# カボチャの種を研究し続け、つかんだ大学教授への道

植物細胞生物学

## 西村いくこさん

にしむら・いくこ
1950年京都市生まれ。大阪大学理学部生物学科卒、同大学院博士課程修了、理学博士。1991年岡崎国立共同研究機構基礎生物学研究所助手、1997年同助教授。1999年10月から京都大学大学院理学研究科教授。2016年4月から甲南大学教授・特別客員教授。2022年4月から奈良国立大学機構理事（非常勤）。2023年4月より奈良先端科学技術大学院大学理事（非常勤）。2014年紫綬褒章、2023年瑞宝中綬章、2024年みどりの学術賞。

西村いくこさんは、植物細胞生物学という分野で新発見をいくつも成し遂げてきた。大学院を修了したのは「女の人が博士号を取っても職はないよ」と言われていた時代。やむなく同じ分野を研究する夫のそばで「研究生」に。学費を払う立場である。ずっとカボチャの種を研究し、愛知県岡崎市にある国立研究所で四十一歳にして助手の職を得た。それから八年後に京都大学教授となったときは、子供たちを夫とともに岡崎に置いての単身赴任だった。

## 助手に応募し続け、落ち続けた

**京大に行かれる前は、岡崎国立共同研究機構（現・自然科学研究機構）基礎生物学研究所（基生研）の助教授でした。夫で植物細胞生物学者の西村幹夫さんが教授を務める研究室の助教授だったんですね？**

そうです。博士号を取ってから、私はいろんな教員公募に応募したんです。「女の人は無理だよ」と言われながらも女子大や外国語大などにも応募し続け、落ち続けた。三十八歳になって、もう助手に応募する年齢でもないなと思ってから、教員公募への応募はやめました。でも、この間も研究はずっと続けていて、名古屋大学や神戸大学で研究生を十二年間やっていました。学費を払ったのは夫の西村です。西村が神戸大の助教授から基生研の教授になり、私は四十一歳のときに同じ研究室で助手になりました。助手になって感動したのは、科学研究費補助金のグループ研究（重点領域研究）に参加できたことです。

違う生物種を専門にする研究者たちと議論できることが本当に楽しかった。

助手を六年やって、基生研で初めての女性の助教授に就きました。同じ研究室で夫婦が教授と助教授という体制は望ましいことではないと思っていたので、意識して夫とは違うテーマを進めるようにしてきました。

## 具体的にはどういう研究をされてきたのですか？

阪大理学部四回生のときに入ったのは、たんぱく質化学を専門とする研究室です。指導教授はサントリーの研究所から赴任されたばかりで、同級生には光合成の電子伝達系を研究するように言ったのですが、私にはカボチャの種を渡して「面白そうなたんぱく質があるから、何かやってみて」と。

## それは女性だから、ですか？

そこはわからないですね。電子伝達系の研究のほうがスマートだと思いましたけど。とにかく大学院の五年間は、カボチャの種子に大量に含まれる貯蔵たんぱく質を結晶化し、それを酵素化学的に解析する研究に取り組みました。試行錯誤の連続でしたけど、いま振り返れば、カボチャの研究からいろんな発見が生まれたので、先生からは良い贈り物をいただいたと思っています。

その後に結婚し、夫が所属する名古屋大学農学部生化学制御研究施設に移籍してからは、動的な細胞生物学に目覚めました。七月から八月には、農学部の圃場㈠で栽培してもらったカボチャを研究室に運

─1.Biology and Life Sciences

んでは、未熟な種子の細胞のどこで貯蔵たんぱく質が作られて、どうやって運ばれるかを調べた。終着
点は「液胞」と呼ばれるところです。液胞は細胞社会のゴミ捨て場で、当時は、あまり注目されていな
かった。競争を好まない私としては格好の研究対象でした。

カボチャの種って結構大きいので、扱いやすいんですよ。毎年の季節労働で、たんぱく質を液胞に運
ぶのに欠かせない「選別輸送レセプター（VSR）」を見つけることができた。また、液胞に運ばれた
あとにたんぱく質は成熟型に変化するんですが、オフシーズンには、そこで働く酵素の単離・精製に没
頭し、やっと正体を明かすことができた酵素を「液胞プロセシング酵素（VPE）」と命名しました。

岡崎に行ってからも液胞の研究を続け、研究成果の発表を聴いてくださった京大の先生が植物学教室の
教授公募への応募を勧めてくださったんです。

## 京都大学に行って次々と新発見

Y 京大教授になったのが一九九九年ですね。

就任できたのは幸運だと思いますが、さらなる幸運は、赴任した研究室にウイルスの専門家が助教授
としておられたことです。一緒に研究したら、ウイルスが植物に感染すると液胞の膜が破れて、中に入

（一）　農作物を栽培するための畑や水田など。

っていた分解酵素が細胞中に放出されてウイルスをやっつけるという仕組みを発見したんです。植物の細胞がウイルスを巻き込んで「心中」するということです。

**へえ、面白い仕組みですね。**

液胞は、細胞内のゴミ、つまり不要成分を壊すための分解酵素や抗菌物質はたっぷり持っている。ただ、これの膜が破れるだけでは細胞の外で増殖する細菌には届かない。細菌に感染した植物細胞は、液胞内と細胞外を繋ぐトンネルを作って、分解酵素などを細胞外の細菌に振りまくことも見つけました。

**ほう、細胞の中で増殖するウイルスと細胞の外で増殖する細菌のそれぞれに合わせて液胞が身を挺して戦っているわけですね。**

そうなんですよ。私たち人間がウイルスや細菌に感染したら、免疫細胞が働いてくれますが、植物は免疫細胞を持たない。ゴミ捨て場である「液胞」がウイルスや細菌に対する防御を担っているとは驚きでした。

ヒトゲノムのドラフト解読が宣言されたのは私が京大に移って間もないころで、植物学の世界ではシロイヌナズナ[二]のゲノムが最初に全解読され、世界中で盛んに研究されるようになった。まさに大激変です。それでシロイヌナズナのゲノムから、小さいたんぱく質（ペプチド）に注目して、ホルモン作用のあるものを探しました。そうしたら、気孔を増やすホルモンが見つかった。気孔は英語で「ストマ」、それに、生み出すという意味の「ジェネレーション」を合わせて、「ストマジェン」と名付けました。植物ホルモンのほとんどは有機化合物でしたが、ストマジェンは、四十五個のアミノ酸が結合したペプチドでした。その後も、ほかの研究室、特に日本の研究室から様々なペプチド性の植物ホルモンが報告された。ゲノム情報が整備された「モデル植物」から新しいホルモンが次々に見つかっていく。まさに生物学がゲノム時代に入ったことを実感しました。

細胞の中が流れるように動く「原形質流動」の研究にも、ノーベル賞を受けた下村脩[三]先生が発見された緑色蛍光たんぱく質（GFP）を使って取り組みましたよ。原形質流動が発見されたのは二百五十年前ですが、なぜ起こるのか、その原動力は謎だった。これは本当に不思議な現象で、私は阪大時代の学生実習で映像を見てからずっと忘れられないでいた。GFPは見事に、この細胞内運動の仕組みに迫ることを可能にしてくれました。

## 両親は動物学者、一歩下がって表に出なかった母

**京大に行って次々と成果を出されたわけですね。**

(二) アブラナ科の一年草。一世代がおよそ一・五か月と短く、室内で容易に栽培できる。多くの変異系統が確立されており、国内外のストックセンターで維持・配布されている。

(三) しもむら・おさむ（一九二八–二〇一八）：専門は有機化学、海洋生物学。二〇〇八年にノーベル化学賞受賞。

**そもそも、どうして植物の研究を目指したんですか？**

私自身は、植物をとくに研究したいと思ったわけではなく、生物の研究をしたいと思っていたんですよ。私の両親は動物学者なんです。父は京大で学位を取ったのちに、新設された阪大の生物学科に教授とともに移り、その後、奈良県立医科大学を経て阪大の教授になりました。視物質のレチノクロームの発見者です。母は京都の女子大学で生物学を学び、京大で仕事をしていたときに父と出会い、結婚しました。昔気質の女性で、一歩下がって、ずっと父と一緒に同じ研究室の教官として研究していた。父は、生前、実験室でレチノクロームを最初に見つけたのは母だったと話していました。

**へえ〜、でも、お母さまは表には出てこなかった。**

そうですね。それを不満とは考えていなかったんでしょう。一緒に仕事ができていれば満足で、表に出ることは望んでいなかったと思います。母の父、私の祖父にあたる人は、政治学者でしたが、戦前の日本の思想統制で自死しています。三十四歳の若さでした。最近、祖父について書かれた新聞連載記事「たたかいのともし火」（一九六九年）を読み返して、このような統制は決してあってはならないと強く思いました。ロシアのウクライナ侵攻以降の世界情勢を見て、その思いは強くなるばかりですね。おそらく母は、政治とはまったく無関係の理学、その中の生物学を選んだのだと思います。

**そうすると、お母さまはふだん家にいなかったんですね？**

そうです。母親の母が同居していて、私と妹はおばあちゃんに育てられました。家は兵庫県宝塚市にあり、地元の小中学校に通い、大阪教育大学附属高校へ。そこで素晴らしい先生に出会い、当時は数学に魅せられていました。

## ご両親が動物学者だったから、学者以外の道は考えなかったということですか?

考えなかった。父は「何をやってもいいけれど、プロになれ」と言っていました。また、「研究者は自分の好きなことをして給料をもらえる。贅沢だ」なんていうようなこともよく言っていました。

## 大阪大学に入学されたのはなぜ?

近いから(笑)。もう一つはねえ、京大から阪大に移籍した父が「旧態依然としていた京大の生物学とは異なった生物学科が阪大に誕生した」ということをよく話していたからですね。私が入学する当時、阪大は生化学の中心地と言われていたんです。当時の生物学は観察が中心でしたが、阪大はそうではなかった。生物学が、観察から分子を見る科学に変わりつつあった時代です。それで私はカボチャの種の研究をしたわけですが、もともと研究したいのは生物だったので、学位を取得したあとは動物の研究に宗旨変えしようと、岡山大学の臨海実験所に行って研究生になったんです。でも、そこは二か月で辞めて阪大に戻って、しばらく技術補佐員を務めました。名古屋大学農学部の助手をしていた西村と知り合ったからです。

## 保育所が親も育ててくれた

### どういうきっかけで？

いやあ、当時ですら時代錯誤でしたが、双方の指導教官が知り合いで、見合いに近い形で名古屋で開催された研究会で紹介されました。

### へえ、どんな第一印象でしたか？

「なかなか優秀な人やなあ」と（笑）。それで、博士号を取った翌年に結婚して、四月から名大の研究生になりました。阪大でのカボチャの研究は生化学でしたが、夫は「細胞生物学がいい」とアドバイスしてくれた。モノを見るのではなく、モノが働いている現場を見る。まさに生物らしい研究です。農学部だから圃場を使えたのが良かった。しかも、研究生は、ポスドクとは違って、学費を払っている身分ですから（笑）、好きなことができるわけです。

一九八一年に長男、八四年に長女が生まれたときも、研究生だから、誰に迷惑をかけることもなく自由に休めた。夫がオーストラリアとフランスに留学したときは、私も子連れで一緒に行きました。フランスにはゼロ歳児と三歳児を連れて半年滞在しました。フランスの国立科学研究所は私も研究員として雇ってくれたんですよ。それで日本で保母さんを雇い、同行してもらった。パリとグルノーブルの二か所に滞在して、思う存分研究もでき、楽しい半年間でした。

日本に帰れば、私は研究生で、子供たちは保育所です。そこで、夫は父親教育されたと思います。奥さんの尻に敷かれているように思われるのは好まなかったと思うのですが、保育所でほかのお父さんたちからダメ出しをされたりして、当時の保育所は、親も育ててくれましたね。毎週のように土日は、保育所仲間の誰かの家に集まって一緒にごはんを食べた。私が保育所に子供を迎えに行けないときは、誰かがうちの子を連れて帰ってきてくれて、私もよその子を連れて帰ることもある。保育所の資金集めのために廃品回収や古本・古着販売などもして、本当に家族ぐるみの付き合いでした。

ただ、学童保育はなかったので、小学校に上がったあとは「かぎっ子」になりました。下の娘が中三の秋から私は京都に行ってしまい、そのときは上の息子も大学受験の時期でしたし、子供たちにもう少しやってあげればよかったという後悔は自分の中にありますね。

## 京都に行くときは、お子さんたちに説明されたんですか?

記憶は定かではありませんが、子供たちが反対することはなかった。保育所育ちの子なんで、「いつも一緒にいることが普通」という感覚ではなかったのかも。私は京都行きが決まってからすぐに運転免許を取って、毎週末、京都から岡崎に帰りました。でも、ウィークデーは夫にお任せです。もともと朝ごはんは夫が作っていたのですが、それに加えて、晩ごはんも、娘のお弁当も作った。高校生の女の子は、父親と距離を取りたがる時期だと思うのですが、仲良くやってくれたのはありがたかったですね。

# 動物学者の妹と共同実験

**京大を定年退職されたあとは、日本学術振興会（学振）の学術システム研究センター副所長を務められたんですね。**

ちょうど科学研究費制度の大改革があったときで、まず勉強から始まりましたけれど、やりがいがありました。前年から、神戸市の甲南大の理工学部教授も務めていたので、月曜から水曜は神戸市の甲南大に行き、木曜と金曜は東京の学振に行くという生活が三年ほど続きました。その間、母の介護もありました。

西村は基生研を退職したあと、甲南大学でペルオキシソームという細胞内小器官の研究を続けています。京都と岡崎との二拠点生活はおよそ二十年で終わり、その後は京都で一緒に暮らしています。子供たちはそれぞれ独立しました。

奈良女子大学と奈良教育大学が二〇二二年四月に法人統合して奈良国立大学機構ができましたが、その教育・研究担当の理事にというお誘いは、本当に思いがけないことでした。お引き受けした動機の一つが、妹との共同研究です。妹は動物学者で、味覚や嗅覚の研究をしていて、神戸大学を定年退職してから奈良女子大で研究スペースを借りて仕事をしていました。その場所が、奈良国立大学機構の本部棟の隣だったんです。私たちはいまもそこで一緒に研究しています。これが面白くて、実はシロイヌナズナはワサビの仲間なんです。ワサビの匂いで私たちは食欲を増すじゃないですか。でも、ハエは食欲をなくす（笑）。本当に面白い。いま論文を書きつつあります。

## 研究が心底お好きなんですね。

私は、会議で皆さんの意見をまとめるようなことは苦手なんです。だから、実は教授になりたいと思ったことはなかった。京大に行ってからも役職はやりたくないと、最初は何もやらなかった。でも、六十歳を過ぎたころから、学生や若者のためになることならやってみようと思い始めました。

いま、女性をもっと意思決定の場に、とよく言われます。確かに女性教員の割合が低いので、底上げももちろん大事ですが、研究が好きで、ずっと研究に没頭していたいという女性教授がいてもええんちゃうかな、と思うんですよ。女の人自身が選べるようになるのがいいですね。

# 「生物を丸ごと研究したい」学会を新たに作って初志貫徹

進化生物学

## 長谷川真理子さん

はせがわ・まりこ
1952年東京都生まれ。東京大学理学部卒、理学博士（東京大学）。専修大学法学部助教授、教授、早稲田大学政治経済学部教授を経て、2006年に総合研究大学院大学教授、副学長、学長（2017年4月〜2023年3月）。2023年4月から日本芸術文化振興会理事長。

総合研究大学院大学（総研大）は、国立天文台や国立民族学博物館など全国各地にある国立研究機関を教育の場とする大学院だけの大学である。一九八八年に開学したこの国立大学の第六代の学長となったのが進化生物学者の長谷川真理子さんだ。『進化とはなんだろうか』（岩波ジュニア新書）をはじめ著書・訳書も多く、新聞やテレビにもしばしば登場する。夫の長谷川寿一(一)さん（進化心理学者）と、文字通り二人三脚で歩んできた研究人生には、イバラがたくさんあった。

## ドリトル先生に憧れ、アフリカへ

### 野生動物の研究をされてきたんですよね。

私は生物を丸ごと研究したかったんです。それで、房総半島（千葉県）のサルとかアフリカのチンパンジー、イギリスのシカなどの行動を観察するフィールドワークをしてきました。ただ、職を探さないといけないとなったとき、女性で、チンパンジーとかシカとかの行動観察をやってたっていう人の就職先はないわけ。それで、すごく苦労して専修大学法学部の教養科目の先生になりました。一九九〇年から二〇〇〇年まで十年務めて、そのあと六年間は早稲田大学政治経済学部の教養の先生でした。この十六年間、私の研究者としての人生はお休みだった。二〇〇六年に総研大で新しく生命共生体進化学専攻

(一) はせがわ・としかず（一九五二－）：進化心理学者、東京大学教養学部助手などを経て東大大学院総合文化研究科教授、二〇一三～二〇一五年は東大副学長。

というのをつくるからって呼ばれて、そこで初めて本当に研究ができる場所に来た。

でも、総研大に来ても最初は新しい専攻を立ち上げるための準備室長で、一年たってから研究科長、専攻長と交互に何年もやって、それで副学長になって学長になったので、研究の時間はあまり取れなかった。その中で二〇一二年に「思春期の進化学的研究」が始まった。東京ティーンコホートという、三五〇〇人の当時十歳の子供をずっと調査するというプロジェクトで、思春期というのがどういう意味があってどういう重要な時期かというのをいろいろ多角的に研究するんです。私はA01班の責任者で、全体の責任者は東京大学医学部の笠井清登教授。笠井さんとずいぶん進化的な話をしながらスタートさせたので、それは本当に良かった。

## 話は遡りますが、アフリカにはどれくらい行っていたんですか。

二年半です。まず、博士課程二年のときに文部省（当時）の科学研究費で半年間、タンザニアに行きました。私の憧れはドリトル先生で、前人未踏の奥地に探検に行きたいとずっと思っていました。前人未踏とはいかなかったけれど、それに近いところに行けて嬉しかった。もともと、その場所を国立公園にして保全するという計画があり、日本がそれを援助するということで、国際協力事業団（JICA、現・国際協力機構）が調査のために専門家を二年間派遣していました。それで、改めて私と夫は大学を休学して、そのJICAの専門家としてタンザニアの奥地に行きました。

電気なし、ガスなし、水道なしで、村人を三十人くらい雇わないといけない。時計もカレンダーもない人たちに毎日九時に来なさいというのは大変で、毎晩、トシ君と「どうしてあの人たちは働かないんだろう」と愚痴を言い合ってました。でも、いま振り返るとあの体験が良かった。文化が違えば人々の考えがどれほど違うのか痛感したし、逆に文化がどれほど違っても人間はみな同じだと思ったことも多々あった。人類進化の原点に近い伝統社会の生活を教えてもらって、ものすごく視野が広がりました。

## 原点は和歌山県・紀伊田辺の海

**ご夫婦で行けたのが良かったですね。そもそもドリトル先生に憧れた理由や、生物を丸ごと研究したいと思ったきっかけは何だったのでしょう。**

私の原点は、紀伊田辺の海なんです。二歳から五歳ぐらいまで母親が結核でずっと入院してしまったので、和歌山県田辺市の海岸近くにある父方の祖父母の家に預けられた。あのころの紀伊田辺の海はテトラポッドもなくきれいなところで、磯があって砂浜があって、いろんな海の動物がいて。私は生き物の多様性と美しさ、エレガンスを目に焼き付けて育ちました。それと同時に、一緒に住んでいた父親の姉、私にとってはおばさんが中学校の先生をしていて、彼女が何か小さな図鑑をくれたの。その図鑑を見て自分でとってきたものと比べるのがとっても楽しかった。

**幼稚園児にして生物学者の片鱗を見せていたわけですね。**

そういう経験がないと、生物学を志さない。多分それが私たちの世代なんですよ。だけど今の四十代より下になると、子供時代にそういう自然に接していない。うちの大学院に来る学生を見てもそう。私みたいに生き物への強烈な興味を原点に持つ人はこれから時代的に出ないかもしれません。

## 小学校からは東京ですね。

母が治ったんです。それで東京に戻ってきて、千駄谷小学校に入りました。そのころは東京の千駄ヶ谷でも路地みたいなところがいっぱいあって、雑草もいっぱい生えていて、野良犬が死んでいたこともあった。二年生のときに両親が郊外の小金井に家を建て、東京学芸大学附属小金井小学校に編入しました。そのときの担任は大野先生という女の理科の先生で、本当にいろんな動物や植物について手に取って教えてくれた。大野先生のおかげでますます生物が好きになりました。

そのまま附属中学、高校に進むと、化学や物理も好きになった。実験器具を買ってもらって実験していました。二酸化マンガンにオキシドールをかけてブクブク酸素を出すとか、そういうのが好きだったのよね。それでちょっと興味がぐらついた。そして高校紛争がありました。我々は二年生で、直接やったのは三年生なんだけど、バリケードで封鎖されたりしたから結構大変だった。だいぶ影響されて、全然勉強する気がなくて、同級生のほとんどが浪人、私も一浪。

## 生物を丸ごと研究したいと人類学教室へ

**入学されたのは東京大学理科II類（農学部・理学部進学コース）ですね。**

今と違って研究室紹介もなくて、何ができるか全然わからないのに入ったんですよ。三年に進学にするときの進学振り分けで、生物学科を選ぼうとしたら、私が好きな丸ごとの生物をやっているところがなかった。農学部の害虫だったらできるかもしれないと言われて、でも誰かが自然人類学教室に行ったらおサルならできるよって言ったんです。別にサルが好きだったわけでも、人類に興味があったわけでもないんだけど、人類に行くしかなかった。

今はオープンキャンパスとか、研究室紹介とかもいっぱいあって、情報が溢れてるじゃない？　行動生態学を学べる大学はどこかとか、調べて受験するでしょ。あのころは何もなかった。自然人類学教室は東大と京都大学の二つにしかないんです。卒業生の大半は、いわゆる基礎医学の解剖学に行くか、博物館に行くか。私はどちらもやりたくなくて、本当にナマの生き物の行動と生態をやりたかった。それで、三年生の夏休みに将来の夫となる長谷川寿一と一緒に千葉県の高宕山の野生ニホンザルの調査に出かけました。

**お二人の馴れ初めは？**

高校の同級生です。でも、高校のときは、私は他に好きな人がいた。東大の一年生のとき駒場祭で私が何かの劇に出たのを昔の同級生たちが応援に来てくれて、その中にいたんです。それからお付き合いが始まった。

彼は元々理系で医学部を受けたんだけど浪人して東大の文科Ⅲ類（文学部・教育学部・教養学部進学コース）に入った。それで文化人類学をやるか心理学をやるか迷って、結局文学部の心理に行った。私は理学部の自然人類に行ったけど、同じようなことを解明したいと目指したんですね。アプローチは違うし、学部も何も違うんだけど、問題意識は共通に持っていた。付き合い始めてからずっと、何を研究しようとか、どの学会に行こうとか二人で話しながらやってきました。一緒に調査したニホンザルで卒論を書き、修士二年のとき結婚しました。一九七七年です。結婚式で人類学教室の主任が「これで真理子さんは引退するのだろうけど……」と挨拶したので、私は怒り心頭で、披露宴で以後ずっと仏頂面をしていました。

## アハハ。当時は、女性が学問をするなら未婚が当然という空気がありました。

そう、男尊女卑の文化の真っただ中。二人で英語の論文を書いたとき、著者名の順番で結構もめたんだけど、私の側の人類学教室のみんなが「当然、寿一が先だ」と言う。そして、そうなった。

そもそも自然人類学って、日本は弱いんですよ。教育体系が整っていない。当時、東大は教授二人、助教授二人ぐらいの小さい研究室で、院生も一学年四人だけ。化石をやっている人は化石だけ、遺伝の人は遺伝だけ。ほかにカバーすべき分野がいっぱいあるのに、その教育ができていなかった。しかも、教えてくれた先生たちが「自然人類学というのは何一つ独自のディシプリンのない、寄せ集めで」みたいな言い方しかしなかった。今でいえば、いろんなことを学際的にやって横につながってメタの目を持つのが自然人類学っていうことでしょ。そういう前向きの言葉はいっさいなかった。

**自虐的だったんですね。**

そうそう、それが私はすごく嫌で、その中でものすごく悩んだ。私の先生は京大から来た助教授で、最初はゴリゴリの今西進化論者だった。

## 今西進化論を批判すると「国賊」扱い

**へえ、そうだったんですか。今西進化論(二)は、東洋的な考え方として知識人の間でたいへんもてはやされましたが、提唱者の今西錦司さんは「社会を形成する個体は、変わるべきときがきたら一斉に変わる」と言うだけで、そのメカニズムの説明がなく、今では科学理論と見なされていません。**

そう、私は当時からこんなの全然学問じゃないと思って、別のことを考えて喋ると、そんなの学問じ

(二) 京都大学の教授などを歴任した今西錦司氏(一九〇二―一九九二)がダーウィンの自然淘汰説に対抗するものとして打ち出した「生物は棲み分けによって調和のとれた社会をつくっている」などと主張する説。

ゃないと逆に言われて。今西進化論に反対するのは国賊だって京大の人たちに言われました。

そもそも「生物は種の存続のために行動する」という考え方は、欧米でさんざん議論されたあげく捨てられたものだったのに、日本ではこの古い考え方が学界全体でまかり通っていた。私はほとんど手探りで欧米の最先端の考え方を学んで、本物の進化生物学をやった。それを喋ると、国賊扱い。私と亭主はそれと真っ向から闘ってきました。

**なんとも壮絶な道のりだったんですね。休学してご夫婦でアフリカに調査に行ったのは博士課程のときでした。帰国して博士課程に戻ったんですか。**

ええ。翌年四月から理学部人類学教室の助手（今でいう助教）になりました。あのころは鷹揚というか、博士号を持っていなくても助手に採用された時代でした。それで指導教員は自分の推薦で私が助手になれたんだっていうので大きな顔をしていた。セクハラやパワハラという言葉は当時なかったけれど、人類学教室は本当にひどかった。

**具体的な様子を教えていただけますでしょうか。**

う〜ん、雰囲気が全部そうでした。例えば、農学部の先生たちと調査に一緒に関わることもあって、それでお酒を一緒に飲むこともあった。そうすると、農学部の先生が酔っぱらって私のGパンに手を入れてくるとか。野外調査に一緒に行くとしつこく迫ってくるとか。そういうのは日常的にあった。

雑誌の『ネイチャー』だったかに、フィールドワークに関わっている女子学生が先生や同僚にセクハラやセクシュアルアサルト（性的暴力）を受けたかという調査の記事が以前載っていました。不適切な性的コメントは七割近くが経験していて、身体的な嫌がらせや暴行も二割近くが受けていた。フィールドワークは世界的にひどい状況と言わざるをえません。

## 人類学会も霊長類学会も全部辞めた

**当時、寿一さんに愚痴ったりしたんですか。**

そこが難しくってね。でも向こうもわかってはいるんだと思う。寿一にしてもそのころ、心理学教室で本当の指導教員っていなかった。東大の心理は認知神経科学が強いんです。丸ごとの個体を扱っている人はすごく少なくて、彼はまったくの無指導、放置状態にあったから、人類学教室の先生たちに教えてもらっているわけ。だから、人類学教室のあの雰囲気に本当に反論するっていうことは、なかなかできなかったんでしょう。

私は人類学教室の助手やポスドクたちに愚痴ったことはあります。とくに私の指導教員のパワハラ・セクハラがひどかったから。同じサルの研究者として、あれはちょっとひどいと。そしたらね、「それはわかるけど、自分たちは霊長類学・人類学やっていくうえであの人と付き合わないわけにいかないから、これまで通りやっていく」って言ったの。それで私は「だったらあなたたちも私の敵ね」って言った。「そんなこと言わないで」とか言うから、「あの人に何も反論もしないんでしょ」って言ったら、「自分の人生を考えたら、できない」って。だから私、「あんたも私の敵ね。さよなら」って言って、人類学会を辞め、霊長類学会を辞め、全部辞めた。

**それ、いつの話ですか？**

一九八三、四年ぐらい。それで私のよりどころは、一つは日本動物行動学会だったんだけど、その後、人間行動進化学研究会というのを一九九九年に寿一と一緒に作った。今は学会になっています。

**すごいですね。博士号を取ったのはいつですか？**

一九八六年です。あ、だから人類学会と霊長類学会をやめたのは八六年ですね。ただ、その前からもう辞めるって言っていました。指導教員ともどうしても縁を切りたかったから、助手のまま八六年秋にイギリスのケンブリッジに行きました。

**ケンブリッジに行くモチベーションはそこだったわけですか。**

それと、本当の行動生態学を知りたかったから。その中心地がケンブリッジだった。指導教員には大反対されたけど、ブリティッシュカウンシルに三十五歳以下が対象の奨学金があって、それを取れたので行きました。「夫を置いていくのか」とも言われたし、トシ君も「なんで僕を置いていっちゃうの？」

というところもあった。

でも、行ったらすごく楽しかったし、すごく人間的に成長しました。大型の哺乳動物の研究をしたいという願いが叶ってダマジカと野生ヒツジの研究をし、英国のインディビデュアリズム（個人主義）というのを身につけて帰ってきました。

## 帰ったときに指導教員は？

まだいました。まるで私が昨日までここにいたかのような話し方をしてましたね。私のほうはそれからの職探しがすごく大変でした。

## 就職した専修大学と早稲田大学での十六年間は研究ができなかったとおっしゃいましたが。

私大で教えるのは忙しいんですよ。週に六コマ持つのが当たり前でした。大学院担当じゃないから、自分の弟子は取れないし、研究費もないし。

この十六年間は寿一の研究にぶら下がっていた。彼は、心理学のほうでずっと王道を行っているわけ。大型の研究費もどんどん取っていた。それで、そのメンバーになって、研究の話は毎日していました。本当にいいパートナーと出会えたと思います。今の私が認知科学とか心理学とかを知ってるのは彼のおかげだし、彼も自然人類とか行動生態とかをよく知ってるのは私のおかげだから、別のアカデミアから来ていて同じことを考えるというのはすごく良かった。

🌱本当ですね。そんなこと、意図してできることじゃないですけど、すごく良かったですね。

## 全労力を研究にかけたい

🌱私は長谷川さんより四歳下で、理学部物理学科を卒業してすぐ朝日新聞社に入社したので、社会人としてほぼ同時代を生きてきました。科学関係の委員会などでご一緒することも多かったのですが、こんな風にじっくり取材させていただいたのは今回が初めてです。以前、子供を持たないことについてお伺いしたとき、「サルを見ていたら、雌が子育てをしていて、自分はできないと思った」みたいなことをおっしゃっていました。

そんなこと言ったかしら。いろいろそのときそのときで考えるんだけど、一つには、やっぱり時代の雰囲気の中にいるから、母親が全部やんなきゃいけないっていう雰囲気がすごくあったでしょ。それで両立できないと思ったの。

🌱いつごろですか？

はじめっから。三十代って一番モチベーションも高いし、いろいろできるときじゃないですか。そのときに本当に全労力を研究にかけたいと思った。研究をやりたい、そのやりたさに比べて、子供を持ちたいっていう気持ちがすごく小さかった。だから踏み込めなかった。寿一は欲しかったみたい。だけど、私はアフリカでマラリアにかかったし、よくわからない熱性下痢もやって、帰ってきたときは三十六キロしかなかった。寿一だって四十八キロだったんじゃないかな。アフリカでは食料難だったからね。だから、体力的に無理だったんですよ。

ケンブリッジに行ったときは三十四か三十五歳でしょ。産むか産まないか、分かれ目の年代。ケンブリッジの女性研究者の中に「そろそろ産む」とか「産むことにしたから辞める」とか言う人がいて、実はすごいグラグラしたのよ。だけど私は何のためにケンブリッジに来たかといったら、新しいビヘイビアルエコロジー（行動生態学）をやるためでしょ。寿一が「欲しいね」なんて言ったけど、「無理！」ってきっぱり。今思えば、産めば何とかなったのかもしれない。

**そうかもしれませんね。ただ、研究者になるという意志はずっと揺らがなかったわけですね。**

小学校からずっと変わらない。だから、別の就職先みたいなことをちらっとでも考えたことはない。

**最後に若い世代の女性たちへのメッセージをお願いいたします。**

親とか周りの人が「女の人がそういうことをすべきじゃない」と言うのは全部無視したほうがいいと思います。ただ、自分自身でそういう束縛というか、そういう制限要因の中で暮らしているんだということを自覚しないとダメで、それが結構難しい。

でも、これから先の世の中はどんどん変わるでしょ。日本はゆっくりだけど、それでも男女が平等になる方向に変わりつつある。だから女の子たちは自分の感性を大事にして、自分の欲望に正直にいろんなことを貫いてほしい。それは絶対不利にならないと思います。

# 乾燥に耐える植物の仕組みを解明し、夫と共同で学士院賞

植物分子生理学

## 篠崎和子さん

しのざき・かずこ
1954年群馬県生まれ。日本女子大学卒、東京工業大学大学院博士課程修了、理学博士。1987年から2年間アメリカ・ロックフェラー大学に留学、1989年10月から3年間理化学研究所基礎科学特別研究員。1993年農林水産省（現・国立研究開発法人）国際農林水産業研究センター生物資源部主任研究官、2004年東京大学大学院農学生命科学研究科教授、2020年東京農業大学総合研究所教授。

二〇二三年に夫婦そろって日本学士院賞を受けたのが篠崎和子さんと一雄さんだ。一雄さんは長く理化学研究所で働き、和子さんは農林水産省の研究所で働いたあと東京大学教授になった。乾燥や寒暖といった「環境ストレス」に植物がどうやって耐えているのか、仕組みを分子レベルで解明してきた。妻は「一つのことにのめり込む」、夫は「新しいことに飛びついて、どんどん広げていく」タイプ。それが「ちょうど良かった」と振り返る。

## 様変わりした植物の遺伝子研究

**ご受賞おめでとうございます。日本学士院に聞きましたら、ご夫婦の共同受賞は自然科学系では初めてだそうです。**

そうですか。共同研究者であり、夫でもある篠崎一雄と一緒に受賞できるのは大変嬉しく、またありがたく思っています。昔は夫婦で研究しちゃいけないと言われたこともありましたけど、今はそういうことは言われませんね。良い時代になったと思います。

私が研究を始めたのは四十五年以上前ですが、そのころは植物のゲノム[一]には全然手がつけられていませんでした。遺伝子の研究はもっぱらゲノムサイズの小さいウイルスを使っていた。ウイルスは私たち真核生物に感染するのですから、ウイルスの遺伝子を調べれば高等生物の遺伝子のこともわかると考えられていました。私は名古屋大学では葉緑体のＤＮＡの全構造解析に加わりました。葉緑体の中にも

DNAがあって、それは細胞核の中のDNAよりずっと小さいんですが、それでも塩基配列を決めるのに何年もかかりました。配列を決めるには、薄いゲル(二)を一枚一枚手作りして、それに二〇〇〇ボルトの高圧をかける。間違って電極を触って飛ばされた人もいるという噂があるぐらい、危険もある実験でした。

その後、アメリカのロックフェラー大学に留学してシロイヌナズナに出合いました。植物の中で一番ゲノムサイズが小さいので、アメリカではこれをモデル植物としてみんなで研究しようという機運が盛り上がっていて、私たちは日本にタネを持って帰りました。それから植物の遺伝子研究はどんどん進み、今やどの植物でもゲノムの全構造がわかるようになった。イネに至っては多くの品種でゲノム配列がわかっている。塩基配列の決定は次世代シーケンサーという機械がやってくれます。時代が全然違う。もう自分たちの時代は終わりが近づいているかなとも感じています。

## 研究者になりたいという思いはいつごろから?

小学生のときからですね。父は植物採集とか岩石採集とかを一緒にやってくれて、今思うと、それに良い影響を受けました。それから、母が『子供の科学』という雑誌をとってくれて、その付録でついてくるビーカーやフラスコなどのガラス器具に憧れを持った。そういうイメージだけで、しっかりしたも

(一) 細胞の核にあるDNAの全体のこと。
(二) ゼリー状の物質のこと。

のがあったわけじゃありませんが、理科が好きだったのは確かです。

**日本女子大学を卒業されて東京工業大学の大学院に進まれたんですね。**

はい、日本女子大は好きな生物の勉強ができたので、受けることにしました。第一志望はほかにありましたが、そちらの受験に失敗したので、日本女子大に。浪人も考えましたが、両親に反対された。当時、日本女子大に大学院はありませんでした。研究者になるためには大学院受験をしなくてはいけないということがだんだんわかってきて、それで東工大を受けました。

東工大には遺伝子を研究している先生がいらっしゃったので興味を持ちました。私が入った畑辻明先生の研究室では国立遺伝学研究所の三浦謹一郎(三)先生と共同研究をしていて、私は生物に興味があったので、三島(静岡県)にある遺伝研でウイルスの遺伝子の研究を始めました。三浦先生は、大学でいえば教授にあたる立場で、今の准教授にあたる立場だったのが杉浦昌弘(四)先生で、杉浦先生は遺伝子のクローニング技術を使って研究していました。杉浦先生が名大に移られることになって、私も一緒に行くことになりました。なぜなら、杉浦ラボの助教にあたる篠崎一雄と結婚したからです。

## 子供が生まれると伝えたら留学を断られた

**いつ結婚されたんですか?**

私が博士号を取得したあとです。篠崎は名大で博士号を取得して、遺伝研の研究員になっていました。私とほとんど同時に遺伝研に移ってきて、そのうちデスクも隣になりました。

**研究所にはほかにも男性研究員がいたでしょう。なぜ一雄さんが良かったんですか？**

なぜですかねえ。優しい人だと思いましたし、一緒にいて楽しかったからではないでしょうか（笑）。当時は、結婚はするものだと思っていましたし。

**女性はクリスマスケーキと同じなんて言われましたよね。二十四までは飛ぶように売れるけれど、二十五を過ぎたら売れなくなる。**

そうそう、私は二十八でしたけどね。結婚して一年ぐらいして上の子が生まれました。実はスイスに留学する予定だったんですけど、「子供が生まれる」と伝えたら断られました。篠崎もスイスに行こうとしていたのですが、杉浦先生が大型研究費を得られたので留学に行けなくなった。私の場合は断られてダメになりました。

でも、良かったと思います。クローニングという技術を名大で勉強しましたから。それに、杉浦研は

(三) みうら・きんいちろう（一九三一–二〇〇九）：日本の分子生物学の草分けの一人。国立遺伝学研究所や東京大学、学習院大学などで教授を務めた。

(四) すぎうら・まさひろ（一九三六–）：植物葉緑体ゲノムの全塩基配列を世界で初めて決定した業績で知られる植物分子学者。

葉緑体DNAの全構造の解析もやり終えました。私個人の仕事としても、遺伝子が読まれるときのメカニズムを研究し、論文も書きました。自分として誇れるのは、いろんなところへ行きましたけど、どこへ行ってもちゃんと論文を出してきたことです。

## その後、ロックフェラー大学に留学されたんですね。

三年か四年遅れで留学が実現しました。留学先は、植物の核の遺伝子の研究で有名なナム=ハイ・チュア(五)先生の研究室。シンガポール出身で、私たちの憧れの先生でした。当時はロックフェラー財団の資金でイネのプロジェクトも始まっていて、彼は多くの研究費を持っていた。同じラボで働きたいと言ったら夫婦とも雇ってくれました。

私は乾燥耐性に関係する植物ホルモンのアブシシン酸(ABA=エービーエー)に応答する遺伝子を研究テーマに選び、夫は光に応答する遺伝子を研究することになりました。念願の植物ゲノムの研究ができたわけです。植物は乾燥すると、植物ホルモンABAをつくり出します。これが乾燥耐性に関係するいろいろな遺伝子を動かしますが、私はそのメカニズムを探りました。それを解き明かして環境ストレスに強い作物をつくれれば農業にも役立つと思っていました。長女も連れていき、最初の一か月は母も来てくれました。いいベビーシッターも見つかった。ニューヨークはすごく治安が悪くて道を歩くのも怖い時代でしたが、二年三か月ぐらい滞在しました。

## 夫婦で研究はダメという不文律

### 帰国して、理化学研究所（理研）の研究員になった。

篠崎は留学前に名大の助教授になっていて、いったん名大に戻りました。すぐに理研に就職して、筑波キャンパス（茨城県）で主任研究員として働き始めました。つまり、研究者として独立しました。

私のほうは、予定していた働き先が「好きな研究をやっていい」という話だったのに実際には言われたことをやらなければならなかったので、諦めて、理研の基礎科学特別研究員に応募しました。博士号を取得した研究者のための制度をこの年から理研がつくったんです。選考は理研全体で行われて、年齢的にはギリギリでしたが、採用されました。三年間、好きな場所で好きな研究ができるということだったので、篠崎の研究室で研究することにしました。アメリカでは、ABAがどのように遺伝子を制御するのかを研究しましたけれど、そもそもどうしてABAができてくるのか。それを知りたいと思って、その仕事を篠崎と始めました。遺伝子のコード領域の上流には、遺伝子が働くための合図を出すシス配列と呼ばれる塩基配列があります。私はアメリカにいるとき、ABAによって動き出す四つの遺伝子を解析して、そのシス配列を見つけました。そのころ、ある研究者がラボに来て、ボスのナムが「今やっ

(五) Nam-Hai Chua（一九四四‐）：シンガポール大学卒、アメリカのロックフェラー大学で長年研究を続けている。二〇〇五年に国際生物学賞受賞。

ていることを話すように」と言うから、私は安易に自分が見つけたことを話してしまいました。そうしたら彼は、しばらくしてこのシス配列に関して論文を発表したんです。

## えー！

彼もＡＢＡに誘導される遺伝子を研究していて、遺伝子のデータは一個しか持っていませんでしたが、私のデータを見てすぐに重要な配列がわかったのだと思います。彼はシス配列に結合する転写因子(六)も単離して、それも一緒に論文発表しました。私は悔しくて、日本に帰ってからその転写因子を確かめたいと思った。篠崎は「もう終わったことだから」と言っていましたが、私はどうしても自分で確かめたくて理研時代は黙って研究していました。農水省の研究所に移ってからも研究を続け、最終的に彼の論文の転写因子は間違っていることに気付きました。今は私たちが新たに見つけた転写因子、これをＡＲＥＢ（エーレブ）と名付けましたが、これがＡＢＡ応答性の転写因子として世界で認められています。

## 粘り勝ちですね！

この研究を進めているときに、植物の奥深さを知ることになりました。ＡＢＡは合成されるとすごい威力を持つんですが、実は植物はＡＢＡを合成するまでにもっと違うことをいろいろやっていて、ＡＢＡ以外にも環境ストレスに耐えるパスウェー（道筋）を持っているということがわかったんです。

これはすごく重要なことでした。そこで働く遺伝子もわかった。世界で最初でした。
こういう私の仕事を面白いと認めてくださる先生が理研の中にいらして、理研のパーマネント（任期がついていない、定年まで勤められる）ポジションに応募を勧めてくださいました。それで、応募してプレゼンまでしたんですけど、断られました。表向きの理由は「そのポジションには私のキャリアが合わない」ということでしたけど、本当の理由は夫婦で研究するのはダメだと、理研にはそういう不文律があるんだということでした。

**不文律、ですか。**

私は、何より、パーマネントのポジションにつきたかった。

**それは当然ですよ。不文律なんて、フェアじゃないですね。**

## 公募で試験を受けて農水省の研究所へ

そのうち事情を知った先生が同情して、農水省の研究所を紹介してくださった。これは公募だったの

(六) DNAに結合して遺伝子の発現をコントロールするたんぱく質のこと。これが結合するDNAの領域を「シス配列」と呼ぶ。

で、試験を受けて、ついにパーマネントのポジションにつくことができました。国際農林水産業研究センターというところの主任研究官です。つくば市にあるので、通うのにも問題ありません。当時、所長でいらっしゃった貝沼圭二(七)先生が、私の研究をサポートしてくださいました。これからは国際的な活動が重要だということで、センターの新しい建物を造ることになり、バイオテクノロジーの施設もつくり、最先端の機器を入れてくださった。貝沼先生のおかげで、私は研究所の若い研究者と一緒に思う存分研究ができました。

プライベートでは、農水の研究所に入った翌年に二人目が生まれました。

**ずいぶん間が空きましたね。**

十一年空きました。ニューヨークから帰ってきて、つくば近辺の借り上げ住宅に入ったらすごく狭くて、それでローンを組んでつくば市の中心部から少し離れたところに家を買ったんです。中心部は高くて無理でした。長女はなんとか保育所に入れましたが、次の年には小学校です。その町には学童保育がなかったので、「つくってください」と役所に頼みにいったら「母親は子供の面倒を見るのが役割なのに」と言われて。

**役所の人に?**

そうです。「預けるなんて、母親として問題だ」みたいに諭されました。そういう時代だったので、一人目の手が離れるまで無理でした。父が亡くなって母が私たちと一緒に住んでくれたので、二人目は小学校入学のころから母が面倒を見てくれるようになり、長女のときのような苦労はなく育てることができました。

## 国際連携を積極的に進め、「みどりの学術賞」

**農水の研究所に十一年いたあとに東大の教授になったんですね。**

大学に来た当時は今の研究室の建物はまだなかったんです。結局、建ったのは八年後でした。その間は農水の研究所のほうも併任して、つくばと行ったり来たりでした。東大には定年まで十六年いて、後半の八年は専任になり、住まいもつくばから東京に移りました。

夫はずっと理研でしたが、途中で横浜にあるセンターに移って、それでも自身のラボはつくばにあるので、横浜とつくばを行き来していました。今住んでいるのは、どちらにも行きやすい場所です。

**二〇一八年には内閣府の「みどりの学術賞」を単独で受けられました。**

私は農水省にいたので国際共同研究もたくさんしましたし、国際機関とも連携して実用化を目指した

(七) かいぬま・けいじ（一九三六−）：一九五九年に農林省（現・農林水産省）の研究所に入り、でんぷんを中心とする糖質科学の研究に従事。農水省の農林水産技術会議事務局長や国際農林水産研究センター所長なども務めた。

作物の研究をやってきたので、そういう応用面も評価されたのかなあと。
私と主人で仕事がうまくいったなと思うのは、私は一つのことにのめり込んでいき、細かく追究していく。篠崎は新しいことを見つけ出し、どんどん広げていく。情報を得るために勉強もよくしているし、実験も上手だし、そういう天才的な人なんで、私みたいに一つのことにしがみつく人とはちょうど良かったんじゃないかな。

**❥そういうタイプの違いって、若いころからわかっていたんですか？**

いや、わかりません。一緒にやってみて、だんだんわかってきました。

**❥何だか、理想的な共同研究ですね。改めて、ご夫婦でのご受賞、誠におめでとうございます。**

ありがとうございます。これまでご指導くださった先生方や、一緒に研究を行ってきた多くの研究者や学生の皆さんにも大変感謝しています。それから、両親や家族の援助や協力もありがたく思っています。

これからは、新しい人が新しい考えで研究を進める時代です。日本が世界をリードするようなサイエンスを行うとしたら、ある程度の層が必要で、たくさんの若い人に能力を伸ばしていただいて、活躍していただければ、ピカ一の人も出てくると思う。そんなふうに若い人をもり立てられるシステムが日本にできたらいい。そういうところで少しでもお役に立ちたいと思っています。

# 「好きに生きる」遺伝子と行動の関係を線虫で探る

神経科学

## 森　郁恵さん

もり・いくえ
1957年東京都生まれ。お茶の水女子大学理学部生物学科卒、イギリス・サセックス大学に留学した後、お茶の水女子大大学院修士課程修了。1988年アメリカ・ワシントン大学（セントルイス）大学院博士課程修了、Ph.D. 1989年九州大学理学部生物学科助手、1998年名古屋大学助教授、2004年同教授。2017年から同大理学研究科附属ニューロサイエンス研究センター・センター長。2023年に定年、名古屋大学シニアリサーチフェロー、2024年より北京脳科学研究所特聘研究員。

森郁恵さんは、線虫という小さな生物を使って、行動と神経や遺伝子との関係を解き明かしてきた。ずっと独身。でも、結婚を犠牲にしたわけではないという。「私は何も犠牲にしていない。好きなことをやっているだけ」。大学生のとき「女性は男性の三倍できないと認めてもらえない」と聞き、「三倍でいいんだったら簡単だ」と思ったという。揺るぎない自信と自己肯定感を核に、日本で女性研究者を増やすことにも力を尽くしてきた。

## 結婚を捨てたという意識はない

**大学に女性研究者を増やそうと積極的に取り組んでこられましたね。**

私は研究者なので、研究をちゃんとしたい。そのために日本の女性研究者問題を解決しなければならなかった。大事なのは、意思決定する場に女性を増やすことです。名古屋大学は三十五人の評議員のうち七人は女性から選ぶことをルール化しました。残りは男女どちらでも良く、現在（二〇二三年）はそちらで三人の女性が選ばれているので、合計十人の女性がいます。私はルール化されてからずっと評議員を務めていますが、三十五人中十人が女性だとやっぱり変わりますよ。「男性目線」が通用しなくなります。

**そうでしょうね。二〇一一年には名大が女性限定の教授公募をして、上川内あづささんが採用されま**

した。東京薬科大学の助教から三十六歳でいきなり名大教授になった。夫を東京に残し、赤ちゃんを連れての赴任でしたね。私はご本人に取材したことがありますが、「女性のみという条件が、応募する気持ちを後押ししてくれた」と語っていました。選考にあたった男性教授が「女性限定にしたら応募者のレベルがぐんと上がった」と驚いていたのも印象に残っています。

彼女は東大薬学部で博士号を取り、ドイツで六年研究してきた神経科学者です。彼女が名大に来たことで、実は私が解放された。頭がひらめくようになって、すごくびっくりしました。それまでは（女性が）一人しかいなかったので、どこか緊張していたんでしょうね。上川内さんの能力が発揮されるんだったら、私は子守でも何でもする。それは私には苦にならない。大事なことは女性の研究力を強化することです。結果として上川内さんの子が私に懐いちゃって、「森先生隠し子説」が出た（笑）。

**ご自身は独身を通してこられた。**

そうですが、結婚を捨てたとか、そういうのは一度もないんです。今でも、いい人がいれば結婚したい。

**ほうー。**

これまでの人生で私を好きだった人はたくさんいたと思う。でも、結局、私が振ってきた。というか、研究者として生きていこうとしている私の足を引っ張りたくないと相手が遠慮していた。たぶん、私のことを好きだから遠慮する、みたいな感じ。そんなのばっかりです。

**ご本人から「この人ステキ」と思った人はいなかったんですか？**

いたけど、ライバルにとられた（笑）。アメリカにいたときの話です。私はよく「結婚を捨て、子供も犠牲にして研究に生きた女」みたいに描かれるんですが、私は何も犠牲にしていない。好きなことをやっているだけです。私は、好きな人がいたら積極的に行くタイプです（笑）。行動力あるので。結局、ずぅーっと、研究の方が好きだった。子供が欲しかったという思いも全くない。人間にはそういう多様性があっていいいんじゃないかと思うんですけど。

## 小さいころからたくさんの人に可愛がられた

**研究者になりたいと思ったのは、いつごろですか？**

お茶の水女子大学に入ってから研究者を意識しましたね。あのころは国立大の授業料がすごく安くて、国立に入るのが親孝行っていう意識があった。絶対浪人したくなかったので、お茶大を受けた。

生物学科に入ると、助手、今でいう助教ですけど、そういう立場の女性の先生が何人もいらして。その先生たちが、研究者になりたい学生を集めて座談会みたいなのをやってくださったことがあるんです。一年生だったか二年生のときだったか覚えてないですけど、そこに私は参加しました。そしたら「男の三倍できないと平等に認めてもらえない」と言われたので、「あ、三倍できればいいだけか」と思ったんです。だって、パワハラとかセクハラとか知らなかったですから。優秀の定義もわかっていなかったですけど、三倍できるだけでいいんだったら簡単だなって思ったんですよ。ま、そんなマインドで来ましたね、基本は。

## その自信はどこから?

小さいころたくさんの人に可愛がられて自己肯定感が高かったことが影響していると思います。私は普通のサラリーマン家庭に生まれたんですが、父方も母方も私が初孫だったんです。母は三姉妹の末っ子で、おじいちゃんは私が生まれる前に亡くなっていて、だからおばあちゃんはすごく苦労しています。でも、明るい感じで、母のお姉さん二人は、妹の子供である私をものすごく可愛がってくれた。父方の場合も父は長男だったので、私も私の弟もみんなに大事にされた。それはやっぱり自己肯定感につながる。

母方の二番目の伯母は生涯独身で、おばあちゃんと一緒に住み、働いて生計を支えた。私には何でも買ってくれました。ランドセルを買いに行ったときも伯母さんと一緒。デパートみたいなところに行くと、赤と黒のほかに黄色があったんです。私、当時は黄色が大好きだったから、これがいいって言ったら、親も伯母さんも「郁恵ちゃん、本当にこれでいいの?」って何度も聞く。すごく念を押されるんですよ。「そう、これがいいの。黄色だし」って言って、買ってもらって、六年間黄色ですよ。

何ていうか、私は否定されたことないんですよ。学校では否定されたことがあって、小学校でいじめにあったこともある。クラスのみんなが一時期まったく口をきいてくれなかった。中学校では先生から言葉の暴力を受けた。そういう嫌なことがあっても、私は間違っていないということは親たちが証明してくれるんです。私を肯定してくれるから。だから、親とか親族にはすごく感謝しています。

**なるほど、親が子供を全面的に肯定するのは大事なことなんですね。生物学に興味を持ったのはいつごろですか？**

高校のときにコンラート・ローレンツ(一)の動物行動学の本を読んで、ですね。日本語訳された彼の本は全部読みました。それと、時間があるとよく上野動物園に行っていました。動物好きなので。休講があると一人で行って、サル山を見ていました。ぼんやりとサルたちの動きを見ていると、人間社会の縮図のようで、とても面白いんです。

ある時、オスのサルが子守しているのを見て、きっとこれ血がつながっているんじゃないかなって考えた。これは私の直観です。おじさんが甥っ子とか姪っ子の面倒を見ているんじゃないかって。絶対、遺伝子を残しているんじゃないか。それで遺伝学をやらないとダメだって思った。で、お茶大の遺伝学っていうのは、集団遺伝学だったんです。

## 研究をやりたければ外国に行け

**集団遺伝学というのは、数学を駆使して集団の中でどんな遺伝子がどのように広まっていくかといったことを調べる学問ですね。**

私は集団遺伝学をやりたいわけではなく、遺伝学をやりたかった。でも、元々数学は好きだったので、集団遺伝学を修士までやりました。指導教官の石和貞男先生は博士号をアメリカで取られていて、「研究をやりたければ外国に行け」とみんなに言う先生だった。それで修士課程のときにイギリスに一年留学しました。お茶大に戻って修士を取ったあと、集団遺伝学の先生の紹介でアメリカのセントルイスにあるワシントン大学の博士課程を受験しました。ここでは、一年で三つのラボをローテーションする決まりになっていた。一つ目はショウジョウバエを使うけど本命じゃない進化生物学の研究室にした。私は修士課程でずっとショウジョウバエをやっていて、本命の集団遺伝学の研究室には三つ目に行く予定にしました。

せっかくだから違う動物もやってみたいといったら、そういえば線虫の新しい教授が来たので行ってみたらと言われた。線虫の研究は新しい分野で、始めたのは分子生物学の創始者の一人でもあるシドニ

(一) Konrad Zacharias Lorenz（一九〇三-一九八九）：動物行動学の創始者の一人。一九七三年にニコ・ティンバーゲン、カール・フォン・フリッシュとともにノーベル生理学・医学賞を受賞。

ー・ブレナー[二]です。その最初の弟子であるロバート・ウォーターストン[三]が来たところだった。この先生は、本当に厳しかった。線虫業界では、もっとも厳しい先生で通っていた。私は「どこの馬の骨？」って感じでジロッと見られて、「ラボに入るまでにどんな論文を読んでおけばいいですか？」と聞いたら、「論文より何より、君は英語の勉強をしておけ」って言われた。何だコイツは、ですよね（笑）。でも、ここにいるのは三か月間だけだからまあいいか、と思った。

ラボに入って最初に読めと言われたのが、シドニー・ブレナーが線虫の遺伝学を確立した論文です。アメリカでは学部卒で博士課程に入ってくるから、一緒に入った大学院生は集団遺伝学の勉強をしていない。私はすでに修士を取っていたから、質問すべきポイントがわかっていた。論文を渡されてから一日で読み終えて、「私を誰だと思っているの」みたいな感じで質問しました（笑）。

それから、私はショウジョウバエの実験をしてきたから、小さいものを見分けるのは慣れていた。線虫には、オスとメスではなく、オスと雌雄同体の二種類いて、これを見分ける必要がある。あるいは、動きがちょっとおかしい個体だけ取り出すとか、そういう、実験に必要な基本的な仕事をやるように言われました。午後いっぱい使ってやるように、って言われても、私はそんなの三〇分か一時間でできちゃう。論文は読めちゃうし、手先は器用だし、観察力もいいってことになっていった。そういうのを見て、ウォーターストンが「イクエ、うちで博士号を取らないか」って言ってきたんです。

## 三つ目のショウジョウバエのラボで取る予定だったのに。

そう、だから最初は断った。でも、だんだん線虫の良さに気が付いたんです。上野動物園のサル山を見ていた時から、動物行動ってすごく面白いと思っていましたけど、誰に教わったわけでもなく、感覚的に「動物行動を遺伝子の言葉で語りたい」と思っていた。当時は脳の研究となると、サルの脳に電極を刺す。でも、電極を入れられちゃったら行動できない。ところが、線虫なら行動を見て遺伝子を調べられる。遺伝と行動が結びつくんです。「見つけた」と思った。集団遺伝学の知識も、生命現象を定量的、統計学的に見ることに役立つし、「今までの全ての経験は、線虫に辿り着くためにあったんだ」と思った。

## それで、そのまま居残った。

そうです。大学院の中で物議は醸しましたけど、やると決めたら三つ目のラボに行くのは時間がもったいないときっぱり断りました。それからは楽しくて楽しくて。

(二) Sydney Brenner（一九二九-二〇一九）：南アフリカ生まれの分子生物学者。二〇〇二年ノーベル生理学・医学賞を受賞。独立行政法人沖縄科学技術研究基盤整備機構の理事長を二〇一一年まで務め、沖縄科学技術大学院大学の創設に力を尽くした。

(三) Robert Waterston（一九四三- ）：線虫、ヒトのゲノムプロジェクトを推進したリーダーとして知られる。

## 「応募を控えてほしい」という国際電話

**アメリカに六年いらしたんですね。**

ずっと海外に、とも考えたんですが、母ががんで亡くなって…これは人生で最大に悲しい出来事でした。それで、日本で就職かなあという気持ちになった。ちょうどそのとき、九州大学で公募が出たので応募しました。実は、このときジェンダーがらみの出来事があった。九大では、線虫を扱える人を募集していたんですが、そのポジションに応募を考えている日本人男性がいた。その恩師に、国際電話で「森さんは元々東京の人だよね。関西出身の人間が応募するべきだから、森さんは九大の応募を控えてほしい」と言われたんです。「あれ？　何これ」ですよね。こういうことがこの辺から始まりました。

**無視したんですか？**

無視しました。逆に、私はそういうことで萎えちゃう女の人の気持ちがわからない。何で自分の意思を通さないのか。いや、森さんみたいに強い女の人ばっかりじゃないって言われるんですけど、科学の世界では男も女も関係なく、研究者各々が自己表現をしているわけです。研究の最前線では国際競争も激しくなるので、どんな場合でも、自分を見失わずに、自分を大事にし続ける強さが必要だと思うんですよね。

**それはそうですね。で、応募したら見事に採用されたんですね。**

後から聞いた話ですけど、ウォーターストンの推薦状が素晴らしかったみたいです。私は見ていないからわからないですけど、もう感動的な推薦状だったらしく、これで決まったようです。

**九州は、日本の中でも男尊女卑の気風の強い地域ですよね。**

そうなんですよ。アメリカでは男女差別を感じなかったので、九州に行ったら全部がカルチャーショックでした。まあ、いろいろありましたけど、助手という立場だったから、という面も大きかったかもしれない。だから、自分の研究室を持ちたいと自然に思いましたね。あるとき、懇意にしていた東大教授を訪ねて「私は独立したい」って言ったら、「森さん、それは言わなきゃだめだよ」って言われたんです。「自分が職探しをしている」と信頼できる人たちに開示する必要があるって。なるほどと思って、そういう風に心がけていたら、「こういうポストが空く」といった情報が入ってくるようになった。それで、名古屋大学の教授選に応募したら、助教授でとってもらったんです。

**教授選に手を挙げたんですね?**

そうです。助手がって思うじゃないですか。やっぱり自分を過小評価しているんですよ。研究では一歩も引かないんですけど、人に選んでもらうというところになると、私も引いている。助手の分際でって、私自身が思っている。で、応募したら、教授に選ばれた人は別にいるんですけど、私も助教授として研究室を持っていいよって言われた。半講座で研究室を持たせてくれたんです。ただ、名古屋大学は教授会には教授しか出られないんです。ラボのメンバーは二十人、二十五人と増えました。教授にならないと、私と一緒に研究したいとラボに来てくれた学生やポスドクに責任をもてない、と思った。それで、アクションを起こして、結局、名古屋大学で教授に昇格しました。

## 自分がした苦労を次の世代にはさせたくない

### どんなアクションを起こしたんですか？

他の大学の教授選に応募しました。いつも最後の三人に残るんですが、最終的には選ばれなかった。ただ、こちらが応募していないのに教授候補になったこともあって、このことを名古屋大に伝えたら、教授になれました。よそに取られたくないってことでしょうね。私は助教授でも独立した研究室を持って、研究費も潤沢に取れていたから、それで満足していると思われていたんでしょうけど、それは、私に対して甘えているというか、私を軽くみている表れだと思う。無意識にでも。

教授になれたって言いましたけど、それは私が名古屋大の教授選に応募したからです。名古屋大の教授選への応募は、二度目（笑）。私は当事者なので、直接にはわからないんですが、他の大学から応募された男性の候補については、選考過程を省略しようものなら「そんな失礼なことはできません」となるのに、「森さんは内部だから、まあいいでしょう」となって省略されることがあったようです。教授として名古屋大学でラボを維持するのか、他の大学に移る準備をすべきなのか、どっちつかずの中途半端な状態が続きました。実際、この一連の教授人事をやっている時期は、神経がすり減って激痩せしました。こういう苦労を次の世代にはさせたくないと思って、女性限定公募をするとき最初から教授で採った方がいいと言ったんです。ただ、私自身は別の大学に移った方がもっと花開いたんじゃないか、という思いはあります。

**でも、名大だから改革ができたんですよね。**

それはそう。こじんまりしていたから。二〇一七年にニューロサイエンス研究センターを創設してセンター長をやってきましたけど、これは東大や京大だったらできなかったかもしれない。組織が大きいから。名大だと、筋を通して交渉を続ければ、総長までスッと話が通る。そういう意味で、女性の施策が進んだ面もあります。

**定年の直前のタイミングで由緒ある東レ科学技術賞を受けられました。過去の受賞者には、江崎玲於奈(四)さんや野依良治(五)さんら錚々たる科学者たちが並んでいます。誠におめでとうございます。**

ありがとうございます。定年後も線虫の研究を続けます。生き物というのは、住む場所が居心地が良

(四) えさき・れおな（一九二五－）：専門は半導体物理学。一九七三年ノーベル物理学賞受賞。

(五) のより・りょうじ（一九三八－）：専門は有機化学。二〇〇一年ノーベル化学賞受賞。

いと思ったらそこに居続けますよね。でも、その場所の環境が悪くなって食べ物がなくなったら、ほかの場所を探す。保守的に振る舞って同じ状況に留まるか、変化を求めて探索行動に出るか。この二つの生きるための行動戦略の切り替えを、線虫も人間もやっている。この仕組みを神経ネットワークのレベルから神経細胞や遺伝子のレベルまで落とし込んで全体像を理解したい。それは線虫ならできるんです。あと、十年ぐらい前から、私たちは腸が脳にすごく影響していることを線虫の研究から見つけているんです。最近、「腸脳相関」と言われて、社会的にも注目されている。これは大事なことで、それも研究しようと思っています。

二〇二四年から、中国の北京脳科学研究所に特聘研究員のポジションを得て、研究室を立ち上げています。線虫でもヒトでも、住み心地が良ければそこに居続けるけど、居心地が悪くなったら、他の場所を探すと言いましたよね。私も、日本では定年という壁にぶつかったので、研究が自由にできる居心地の良い環境を探索してみたら、そういう場所が隣の国にあったということになりますね。

また、研究というものは、その分野のど真ん中に居続けると、本質が見えなくなることがあります。いままではど真ん中にいましたが、研究場所を変えることで、リフレッシュされた心で科学と向き合い、新しい本質が見えてくるかもしれません。私は、これからも「好きに生きて」旅の途中にいることをやめないと思います。

# 科学コミュニケーション副専攻をつくった生命科学者の突破力

生命科学

## 野口範子さん

のぐち・のりこ
1958年京都市生まれ。筑波大学第二学群生物学類卒、同大大学院医学研究科博士課程修了、医学博士。帝京大学医学部助手、東京大学工学部助手、同大先端科学技術研究センター助手などを経て2005年同志社大学工学部教授。2008年から同大生命医科学部教授、2018～2019年生命医科学部学部長・研究科長。京都市教育委員会の教育委員を2018年から務める。

同志社大学教授の野口範子さんは、生命科学者として活性酸素の研究を続けつつ、「サイエンスコミュニケーター養成副専攻（SC副専攻）」を二〇一六年にスタートさせた。学外から教員を「スカウト」し、工夫を凝らして「理系と文系の学生が一緒に社会における科学の問題を議論する場」をつくりあげた。子育てと研究の両立に苦闘する中で、持って生まれた胆力がさらにパワーアップされたからこその突破力・実行力である。

## 日本テレビ桝太一アナウンサーを「スカウト」

**日本テレビのアナウンサーだった桝太一さんが退社して、京都にある同志社大学ハリス理化学研究所の専任研究所員になったのは二〇二二年春です。桝さんは東京大学大学院農学生命科学研究科を修了した方ですが、四十歳にして研究者になるという選択には驚きました。誘ったのは野口さんだそうですね。**

はい、そうです。桝さんに年に一度、SC副専攻の講義をしていただいていたんです。それを聴いて、「私と一緒に学生を育ててほしいな」と思った。声をかけたのは、東京にある同志社大のサテライトオフィスから講義していただいたときです。私も東京に行き、終わったあとに「同志社に来て研究しませんか？」と持ち掛けた。「大学院に入ればいいんですか？」と聞かれたので、「お金を払うほうではなく、貰うほうで」と答えました。その後、しばらくそのままになっていたのですが、前向きに考えてくださっているとお聞きし、もっともふさわしいポストがないか考えていました。

**大学では要員数が厳格に決まっているのが普通で、ポストは簡単に増やせないですよね？**

そうなんです。ちょうどそのときハリス理化学研究所で任期付きの助教を公募することになったんです。ハリス理化学研究所は京田辺（主に理系の学部があるキャンパス）にある附置研究所で、創立者・新島襄の科学に対する熱意に共鳴したアメリカの実業家・ハリスさんの寄付によってできた理科学校の伝統を受け継ぐ研究所です。それに桝さんが応募して、書類審査、面接などを経て採用された、というわけです。

**野口さんのご専門は生命科学なんですよね？**

はい、そちらの研究も、というか、そちらが本業で、三十人の学部生や大学院生たちと目いっぱいやっていますよ。活性酸素が動脈硬化や糖尿病の発症に関わるメカニズムや、脳の神経細胞死のメカニズムなどを探っています。私たちの細胞は酸化と還元がシーソーのようにバランスをとって機能していて、どちらに偏っても病気に繋がることがわかってきました。このメカニズムを明らかにして、人々の健康維持に役立ちたいと考えて研究を続けています。

**同志社大の教授になられたのは二〇〇五年ですね。**

最初は工学部教授でした。採用された年の十二月に副学長から「新しい生命科学系の学部をつくるから会議に出て」と言われ、最初は気乗りしなかったのですが、「医学に寄った生命科学系をつくりたい」

という話だった。私はもともと医学の勉強がしたかったので、「もしかすると私の思い通りの学部ができるかも」と思い始め、それから真面目に準備に取り組んで、カリキュラム作りなどに二年費やして二〇〇八年に生命医科学部が誕生しました。サイエンスコミュニケーションのことも頭の隅にあったのですが、このときは余裕がなかったですね。ところが二〇一一年に東日本大震災が起き、放射能の説明をめぐって日本中が混乱し、さらに二〇一四年には私の専門分野に近いところでＳＴＡＰ細胞事件[一]が起きた。これはやらねばと一念発起して、東大で長年サイエンスコミュニケーションを教えてこられた石浦章一[二]先生に定年後に同志社に来ていただいて、副専攻としてスタートさせました。

石浦先生の場合は、いくつかの学部から特別客員教授枠の一部をお借りして寄せ集めでつくったポジションだったんですよ。石浦先生のご貢献もあり、その後に学長裁量枠となりました。生命医科学部の他に文学部、社会学部、法学部、経済学部の学生が学部の壁を超えて一緒に学ぶ教育プログラムとしてＳＣ副専攻が学長に認められたわけです。新年度から神学部も参画します。とにかく文系と理系の学生が共に学ぶということが私のコンセプトです。

**驚くべき実行力ですね。その実行力をどこで身につけられたのか……。**

さあ。小中学校時代はよく学級委員をやっていました。小学校のときに一度みんなから総スカンをくらったことがあって。きっと何か調子に乗って強引にやっていたんでしょうね。それですごく反省して、それからはみんながついてきてくれる学級委員になりました（笑）。

# 母の猛反対を振り切って筑波大へ

## お生まれは？

京都です。京都御所の南側の呉服屋で、十一歳上の兄がいました。父は中二のときに亡くなりましたが、母がすごくしっかりした人で、私が経済的に苦労することはありませんでした。中学のときは「京大に行く」って言っていました。卒業するころ、二年先輩のサッカー部の人と付き合う夢を見て、私から直接電話して「そういう夢を見たので、付き合ってくれますか」と言ったら、お付き合いが始まった。彼が筑波大学の体育専門学群に進学したので私も筑波大を受けたいと言うと、母が「都落ちや」と大反対。私はハンガーストライキに入り、近所の人が母を説得してくれて、何とか受験を認めてもらいました。子供のころからお医者さんが好きで、消毒のにおいも好きで、医学にすごく関心があったんですけれど、母に「浪人は絶対認めない」と言われたので、医学部は危ないかもと思って生物にしました。

(一) iPS細胞のようにさまざまな細胞に変わることが可能で、しかも作成が簡単な「STAP細胞」ができたと理化学研究所の研究者が『ネイチャー』に発表し、大きな反響を呼んだが、のちに研究不正があったと認定され、論文も撤回された「事件」。

(二) いしうら・しょういち（一九五〇－）：一般向け書籍を多数出している生化学者。東京大学名誉教授。

**筑波大学は学部名が独特ですが、第二学群生物学類を卒業されたんですね。**

はい。三年生から医学専門学群で勉強できたので、社会医学系の食中毒の研究室に行って、卒業研究は腸炎ビブリオの毒性研究をしました。そのとき、法医学の先生が動物実験のやり方を教えてくださって、それで私も「解剖をやりたい」と言って司法解剖のお手伝いをするようになりました。死因や死亡推定時刻、そして凶器など、限られた時間で答えを出さなければならない司法解剖にすごく魅力を感じて、大学院は法医学に進みたいと思いました。ところが法医学には修士課程がなかったので、二年後に博士課程に進むときは法医学に移るという約束で解剖学教室に入りました。そうしたら解剖の教授が私をすごくかわいがってくださって、「研究を続けていくにしても結婚はしたほうがいいだろう。どんな男性が好みか？」って。

**ええっ!?**

何て答えたのか忘れましたが、そのとき紹介してくれたのが一人目の夫です。

**「一人目」ですか。高校時代に付き合っていた彼氏は？**

広島大学の大学院に進んだので、私が学部四年のときに私から別れを告げました。

解剖学の先生は私に父がいないこともご存じで、結婚したほうが母も安心するだろうと思われたんでしょう。「野口君に言っておいたから」と。医学専門学群の学生で、バスケット同好会に一緒に入っていた人だったので「ああ、あの人ね」と思いました。ところが、全然、何の連絡もない。ある日、病院の廊下で会ったので、つかつかと寄っていって「どうして私をデートに誘わないんですか」と言ったら、「は〜、すみません、失礼しました」って。東京でアメリカのプロバスケットの試合があるから見に行きませんかって誘ってくれました。あのころは付き合ったら結婚するのは当たり前という感じで、一年ぐらいお付き合いしたら彼がちゃんとプロポーズしてくれて、博士一年のときに結婚しました。

## 博士二年で長女出産、義母に預ける

私は念願の法医学に入ったばかりで、まだ学生ですし、「子供はいらない」と言っていたんですけど、彼は「子供は欲しい」と。彼の実家は神奈川県横須賀市の久里浜にあって、義母は近所の子供たちを集めて面倒を見るのが好きな方で、共働きのご家庭の子供を預かることもしていた。「お袋が面倒見てくれるって言っている」と言うので、それならと博士二年の八月に長女を産みました。妊娠中に夫は東京に異動して、私は一人で茨城県つくば市のアパートにいた。実家の母に来てもらった次の日に陣痛が来て、夫はいないので私が運転して病院に行きました。京都の母には三か月いてもらって、約束通り娘を久里浜に預けにいきました。「よろしくお願いします」と義母に娘を預けて、私はつくば市に帰った。母乳がよく出たので、毎日乳搾りをして法医学教室の冷凍庫に入れて、週末になるとそれをアイスボックスに入れて車で東京に寄り、そこから夫が運転して久里浜に行って、一泊して帰ってくる、という生活でした。

## 娘さんはずっと久里浜に？

えーと、二歳八か月までそうでした。義母はものすごく娘をかわいがってくれましたね。博士三年の夏に次の妊娠がわかりました。そのころは長女を義母に取られたように感じてしまって、ホント勝手ですよ、私が預けてお世話になっているんですけど、なんか返してくれない雰囲気の中、せっかく二人目に恵まれたんだから今度はもっと一緒の時間を過ごそうと決心した。

翌年四月に次女が生まれ、今度は六か月京都の母にいてもらって、その後は保育ママさんにお世話になりました。週末に次女を助手席に乗せて東京を経由して久里浜へ行き、帰りも次女だけ連れ帰る生活になりました。長女は何を思っていたのか、覚えていないでしょうけど、その頃のことを思うと胸が痛みます。医学系って博士課程が四年なんですが、農薬の毒性発現機序の研究をして四年で無事に博士号を取れました。医学博士になって帝京大学医学部法医学教室の助手になり、夫婦二人が東京勤務になったので、長女を引き取り、四人で頑張ることにしました。

夫の職場の近くに住み、保育園もすぐそばにあって、毎朝子供たちをそこに連れて行ったんですけど、やっぱり大変でした。帝京大から家まで、一時間ちょっとかかる。しかも、帝京大の法医学教室は遅くまでいることが大事みたいな古いタイプの研究室でした。早めに帰るなんて許されず、夕方六時に出る。走って帰っても保育園のお迎えに間に合わないので、外で仕事をしていないご近所さんにお迎えをお願いして、私が帰るまでそのおうちで面倒を見てもらったりしていました。すごくいい人で本当に助けてもらいましたが、その方だって都合が悪い日がある。そのときはまた別の人を探して、本当にもう、米つきバッタみたいに頭を下げて回っていた。保育園に連れて行ったら熱があるから預かれないと言われるときもありますよね。何とか近所の方に預けて遅れて研究室に行くと、「やっぱりお子さんのいる方はダメですねえ」と上司が言う。

夫の職場は、家からも保育園からも一分なのに、土曜日以外はお迎えに行ってくれなかった。子供が熱を出したときに仕事を休んでお医者さんに連れて行くのもいつも私。小学生になって、授業参観のお知らせが来ると、どっちが行くかで必ずケンカになる。あるとき、「あなたはいいんだよ。子供のために休むと言っても頑張っているって見てもらえるけど、僕はそういうふうには見てもらえないんだよ」って訴えるように言った。

## そういう時代でしたね。

これが決定的な言葉だったんです。今振り返ればわかります。彼の立場も、気持ちもわかる。でも言われたときは「もう一緒にやっていけないな」と思いました。だから、それからケンカもしなくなりました。ケンカをしても無駄だなって思って、でも、この関係はどこかで終えてやるって思いました。それで、予定通り離婚しました。

**いつですか？**

二〇〇六年ごろですね。娘たちが大学生のとき。

**かなり時間がたってからなんですね。娘さんたちへの影響を考えてですか？**

それもあるし、子供たちが大きくなってきたら、慌てて離婚する必要もなくなったというか。

## 東大に移って活性酸素の研究者に

帝京大の法医学教室は一番つらい時期でしたが、ひょんなことから東京大学へ移ることになりました。帝京の生化学教室の先生とお部屋で研究の話をしていたら電話がかかってきて、切ったあと先生がこちらを向いて「野口さん、東大の二木先生って知ってる？」とおっしゃった。二木鋭雄㈢先生は活性酸素の研究ですごく有名で、学会でお名前を見たことがあったから「知ってます」と答えたら、「二木先生が助手を探しておられるけど、行きますか？」と聞かれた。「行きます、行きます」と言うと、「法医学じゃなくなりますよ？」と言うので、「法医学やめます！」と即答しました。

紹介状を書いていただいて面接に行ったら、ＯＫが出たんですが、そのとき夫がアメリカの国立保健研究所（ＮＩＨ）に留学することになった。二木先生に相談したら、「いい機会だから一緒に行ってらっしゃい」と言われ、一年間アメリカの国立研究所の客員研究員をしました。帰国して一九九一年二月に東大工学部に助手として着任しました。二木先生は生体の活性酸素とビタミンEの研究をしていて、本当に神様みたいな先生で、学生さんはたくさんいるし、みんな温かく優しくしてくれるし、精神的にすごく楽になりました。二木先生は「子供にはいくら愛情をかけてもいいんですよ」とおっしゃった。この言葉が嬉しくて今も忘れません。

先生が東大先端科学技術研究センターに移られたので、私の所属も先端研に変わりました。二〇〇〇年に二木先生が定年退職されると、児玉龍彦(四)先生が率いる大きな研究チームの中で、私は直属のボスがいない形で研究室を持たせてもらった。研究環境はものすごく恵まれていました。ポスドク三人、博士課程の学生二人、実験補助員三人といった態勢で、お金は児玉先生がたくさん取ってきてくださるので、論文がたくさん書けた。

あるとき、筑波大時代に宿舎が一緒だった親友から「あなた、論文がたくさんあるのになぜ助手なの?」と聞かれたんです。私は研究ができればいいと考えていたんですが、そう言われればそうだなと二木先生に「私はいつまで助手ですか」って手紙を書いた。そうしたら、二木先生は当時のセンター長に相談に行ってくださったのですが、すでに退職されたお立場だったからでしょう、状況は変わりませんでした。しばらくして、私は科学技術振興機構特任助教授という立場になった。助手は国家公務員でした。

(三) にき・えつお(一九三九-):専門は工業化学、健康科学。東京大学工学部教授から先端科学技術研究センター教授となり、センター長も務めた。
(四) こだま・たつひこ(一九五三-):東京大学医学部助手を経て、東大先端科学技術研究センター教授。二〇一八年から名誉教授。

すが、このポストは公務員ではありません。特任助教授という肩書はついたけれど、良かったのかどうかわかりません。ただ、研究環境は変わらず、恵まれた状態でした。

そのうち、活性酸素の研究仲間である京都府立医科大学の先生から「同志社大に行かへんか」と声がかかった。工学部（当時）の環境システム学科が教員を募集しているというんです。そのときは娘が高校生で、連れて行くわけにも置いていくわけにもいかないと思って、お断りしました。このとき府立医大から同志社大に移った谷川徹先生から一年後にまたお誘いを受けた。夫に相談したら、「やっぱり一国の主にならないとダメなんだよ」と言ってくれて、じゃあ行こうかとなった。次女も大学生になるという時期でした。

二〇〇五年に同志社大の教授になりましたが、行ってみたら学生もスタッフも誰もいない、私一人なんですよ。これでは研究ができないので、東京に帰ろうと思いました。先端研にはまだ博士課程の学生がいたので、先端研の特任教授を兼務して研究は東京のラボで続けていました。もう同志社は早く辞めようと思ったんですが、その年の十二月に新しい学部をつくる話が出て、今に至る、ということです。

## 離婚・再婚で家族がどんどん増えている感じ

**二回目の結婚はどんな方と？**

さっき話に出た谷川先生と。私、今の戸籍名は谷川です。

### 離婚はどのように？

子供たちが小学生のころ、夫は東京から離れた別の機関に移り、長女は小学六年生の途中から再び義母に引き取られて夫の赴任地で生活するようになりました。次女は私と東京に残りました。長女が東京の高校に進学したので、三人一緒に東京の家に住むようになり、私は同志社に就職してから京都と東京を行ったり来たりするようになった。週末は東京で四人全員集合です。それでお互いに穏やかに暮らしていたわけですが、やはりけじめをつけたいと思い、私は離婚したいという手紙を書きました。自分が思ってきたことをまとめ、そしてこれからはそれぞれ別のほうがいいでしょう、みたいな感じで。その後二人で会って、彼は真面目だから手紙の内容の一つ一つにコメントをくれて、「前から考えていたんだよね。しょうがないね」って。

でも、その後も生活は変わらないんです。週末は親子四人でごはんを仲良く食べる。いつかは娘たちに言わなくちゃと思って、下北沢に四人でブランチに行ったとき、お互いに「そっちから言って」と目配せしあって、彼が「実はお父さんとお母さん離婚したんだよ」って伝えました。

### 娘さんたちは何と？

エーッてなりました。大きな衝撃を受けたのは長女のほうでしたね。それから二年後ぐらいに再婚しようと思っていることを娘たちに話したんですけど、そのことは「あんまり衝撃じゃなかった」って言ってました。その後、彼も再婚して安心しました。

娘たちは父親と普通に行き来しています。長女は結婚して、三人の子供のママ。父親が再婚したお相手にもお孫さんがいらして、ちょうど同年齢なのでお宅にお泊まりに行ったりしています。お祝いがあるときは旧野口家大集合みたいになる。次女は京都が好きと言ってよく京都に来ます。今の夫のことは「徹さん」って呼んで、楽しくやっています。だから、どんどん家族が増えているみたいな感じですね。

**なんともすごいドラマの連続で、野口さんのパワーがびんびん伝わってきました。**

そうですか。とにかく今は二人目の夫と仲良く暮らしています。仕事では、私が定年になったあともサイエンスコミュニケーター養成を目指す本学のプログラムがちゃんと継続するように、精一杯手を尽くしています。

# 妻が教授、夫が助教授の「家庭内アファーマティブアクション」

細胞生物学

## 粂 昭苑さん

くめ·しょうえん
1962年台湾・台北市生まれ。東京大学大学院薬学系研究科修士課程修了、帝人で働いたのち、大阪大学大学院理学研究科博士課程修了、理学博士（大阪大学）。日本学術振興会特別研究員、科学技術振興事業団創造科学技術推進事業（ERATO）「御子柴細胞制御プロジェクト」研究員を経てアメリカ・ハーバード大学に留学、2002年熊本大学発生医学研究センター教授、2014年12月から東京工業大学教授。

山中伸弥教授が開発したｉＰＳ細胞を使って糖尿病患者を救う治療法をつくりだそうとしているのが東京工業大学教授の粂昭苑さんだ。夫・和彦さんは睡眠医学が専門で、名古屋市立大学教授である。二人とも熊本大学発生医学研究センターから異動した。同センターでは、昭苑さんが教授で和彦さんが助教授（現在は准教授と呼ぶ）だった。二人が赴任したのは二〇〇二年、同じ研究室で妻が教授で夫が助教授というケースは、日本初ではなかっただろうか。

## 子育てでは「主人は戦友」

アメリカの研究大学では、夫婦ともが研究者の場合に二人とも雇用することは珍しくないそうですが、日本では配偶者のことなどお構いなし、というより一緒に雇用するなどとんでもないという考え方が長らく支配的でした。結果として、大学に雇用されるのは夫で、同じところで妻が研究をしたければ今でいう非正規雇用のような立場となるケースが多かった。そんな状況に風穴をあけるべく、九州大学が配偶者帯同雇用制度を導入して話題になったのが二〇一七年です。ところが、その十五年も前に熊本大学は夫婦帯同雇用をしたのですね。しかも、妻のほうが教授というのが、実に画期的でした。

それは、たまたまそうなったんです。熊本大学発生医学研究センターが募集していたのは、発生医学を研究する教授で、もっと具体的に言うとヒト胚性幹（ＥＳ）細胞㈠の実験ができる教授でした。このとき、私は一家でアメリアに留学中で、主人と私は専門も違うのでそれぞれ別の大学で研究生活を送っていました。

ヒトES細胞は、私がアメリカに留学したころから使えるようになり、私はまさにこれを使って膵臓の細胞をつくる研究をしていました。それで応募したら、当時のセンター長の須田年生先生（のちに慶應義塾大学教授）が「ご主人も来るなら助教授のポストをあける」とおっしゃってくださった。もともと主人は「女性のほうが就職は難しいだろうから、先に就職先を探していいよ」と言っていたんです。別に私はどちらが先でも良かったんですが、たまたま熊大の話が入ってきて、当時はヒトES細胞を使っている人がまだ少なかったこともあって、トントン拍子に話が進んだ。最初は助手ポストはあるということだったんですが、向こうの先生が「ご主人も来てくれるなら助手じゃいけないよね」と言い出して、助教授ポストをつけてくださった。

**すでにお子さんがいらしたんですよね。**

はい、二人いました。子育てでは主人は「戦友」だったんです。当時はまだ子供たちも小さくて、お互いに一緒にいたほうがいいと思っていたんです。でも、なかなか両方一緒にポストをとれるということはないので、熊大の提案を伝えたら「行くよ。僕はそのうち何とかなるよ」って。熊本は子育てするにもいい場所だろうとも話しました。

(一) ヒトの初期胚（胚盤胞）から将来胎児になる細胞集団（内部細胞塊）の細胞を取り出し、あらゆる細胞に分化できる能力（多能性）をもったままシャーレの中で培養し続けることができるようにしたもの。

**夫婦で教授と助教授って、どんな感じだったんですか？**

私は、それまでずっと研究員だったんですよ。それでいきなり教授になった。主人のほうは、アメリカに留学する前は東京大学医学部の助手をしていたので、そのとき実務的なことをずいぶんやっていた。それで、いてくれてすごく助かった。いろんなことを相談しました。

**大学のお部屋は別々？**

いや、お部屋はそんなになかったので、一つの部屋でした（笑）。研究は、それぞれ別のグループを作って進めました。主人はアメリカに留学してすぐに運よくいい論文が出せて、その後ハーバード大学のラボからタフツ大学に移って、そこで体内時計の研究を始めました。熊本に帰ってまもなく『時間の分子生物学――時計と睡眠の遺伝子』（講談社現代新書）という本を書き、講談社出版文化賞をいただきました。分子生物学的に体内時計の研究をしながら、医者として睡眠医学を専門にし、熊本に十一年いて、今は名古屋市立大学大学院薬学研究科の教授をしています。

**それにしても、「お先にどうぞ」と言ってくれる男性は日本でめったにいないと思います。**

何か、性格的にそういうことをしちゃう人なんです。自分よりも先に相手のことを考える。私に対して特別にというわけではなく、多くの人に対してそうなんだと思います。そういえば、フェミニズムの勉強を大学生のときにしていましたね。それで「家庭内アファーマティブアクション[2]」なんて言っていた。出会ったのは東大に入学したときで、同じクラスでした。しかもＥＳＳ（英会話クラブ）と自然科学研究部というサークルでも一緒。日米学生会議というのがあって、日米の学生が四十人くらいずつ集まって交流するんですが、大学二年の夏休みにはこれに一緒に参加してアメリカに行きました。

**どのくらいの期間ですか？**

結構長かったですよ。国連に行ったり、大学の寮に泊まったり、ホームステイしたり。全部で一か月ぐらいでした。

**それで仲良くなった？**

その前からですね。一年生になってすぐから、クラスメートの中で一番気が合う人でした。何でもすごく真摯にやる人で、そこに惹かれたというところですかね。

## 企業に行って、基礎研究がなつかしくなった

**三年生で薬学部に進学されました。**

(二) 社会的・構造的な差別により不利益を被っている人たちに、一定の範囲で特別扱いの機会を提供して実質的な機会均等を実現しようとする積極的格差是正措置のこと。

将来のつぶしもきくし、いいかなと思って。行ってみたら、ちょうど分子生物学が栄え始めた時期で、とても魅力を感じました。赤芽球という細胞に薬剤を加えると赤血球に変わっていく（分化する）んですけど、そういう実験を学部と修士のときにしました。ただ、修士のときに入った研究室はけっこう厳しくて、自分が研究者としてやっていけるか不安になり、就職しました。当時の大学には女性のロールモデルもいませんでしたし。主人は医学部で六年間ですから、同じ時期に卒業することになって、結婚しました。

就職した帝人では、生物医学研究所の研究員として二年働きました。創薬の現場でしたけれど、そのうち大学の基礎研究がすごくなつかしく思えて。やっぱり私は実用化を目指す研究よりサイエンスをやりたいと思うようになった。すると、研修医をしていた主人が大阪大学の分子遺伝学の博士課程に行きたいと言い出し、私は自分の進学先を一生懸命探して、二人して大阪大学の博士課程に入りました。

私が入ったのは、脳神経科学者として著名な御子柴克彦先生の研究室です。生物学の基礎といえば発生だ、と思って先生に相談したら、アフリカツメガエルの卵を使って実験するのがいいと。それでカエルにホルモン剤を打って卵を産ませて、卵からどのように発生が進むのかの研究に取り組みました。ところが、まもなく御子柴先生は東京に移るという話が聞こえてきて、私は大ショックでした。それでも博士号をとるまでは阪大に残ることにして、ドクター二年の八月に長男が生まれました。一九九二年に御子柴先生は東京大学医科学研究所の教授になったので、私は阪大に所属したまま研究の場を東大医科研に移しました。

ちょうど同じ時期に、主人の東大医学部の恩師の清水孝雄先生が生化学の准教授から教授になられて主人を助手として呼んでくださった。偶然でしたが、おかげでめでたく二人で東京に移りました。その年の十二月に私は博士号を取得し、いわゆるポスドクとして研究を続けました。三年後の十月に二人目を産みました。この年に御子柴先生が科学技術振興事業団創造科学技術推進事業（ＥＲＡＴＯ）プロジェクトの研究代表に就任され、私は産休明けの翌年二月からＥＲＡＴＯの研究員になりました。任期付きですが、お給料をいただける職に就いたわけです。

## 子育てはどのように？

阪大のときは研究室の隣のマンションに住んで、二人で交代交代で何とかやっていた。育児は毎日が戦争みたいなんですけど、まさに主人は「戦友」です。子供は大学の保育所に預けましたが、しょっちゅう風邪を引いて、一か月も風邪が抜けない時もあった。昼は私が仕事をして主人が子供を見て、夜は交代するとか。主人の母に来てもらったこともありますが、基本は二人でやりました。アフリカツメガエルに卵を産ませるときはどうしても夜中まで仕事になるんです。そういうときはベビーシッターも利用しました。保育園のお迎えからごはんを食べさせて寝かしつけるところまでやってもらうというサービスがあって、とても助かりました。

## そんなに大変だったのに、二人目を産む決断をよくされましたね。

私には姉と弟がいますので、子供にもきょうだいがいたほうがいいと思ったんです。年があまり離れないほうがいいとも思っていました。五歳違いになりましたが、同じ小学校に通えて良かったと思います。ただ、二人目が生まれてからの子育ては本当に大変でした。主人は仕事のほうも大変で、疲れてしまったんでしょう。そのうち「もう仕事をやめたい」「もう研究者もいい」なんて言い出して。主人はとにかく人のために働いちゃう人で、助手の仕事を一生懸命やりすぎたんだと思います。それで、私から留学を提案しました。二人で行けば育児も何とかなるだろうと思いました。

## 有名教授のラボに入るテクニック

### 留学先はどのようにして見つけたのですか?

私はハーバード大学の発生生物学で有名なメルトン(三)教授の研究室に入れてもらったのですが、ラボに入るテクニックは御子柴先生に教えてもらいました。有名教授には希望者が殺到するので、メールを出してもダメなんです。会ったことがなければ受け入れてもらえない。それで広島の発生生物学会に招待講演でいらしたときにつかまえてお話しし、さらにアメリカ・コールドスプリングハーバーでの学会で講演されるということを探し出して、その学会に参加して質問に行きました。質問に行くのはすごく大事です。手紙も出しました。それでようやく、奨学金を自分でとってくるなら受け入れるというお返事をいただけて、留学が実現できました。

この先生のお子さんが糖尿病で、それで先生はカエルの研究をやめてヒトの研究を始めた。それは私が行く前のことなんですが、それで私もヒトES細胞を使ってインスリン産生細胞をつくる研究を始めました。

## ちょっと時間を戻しますが、お生まれは台湾なんですね？

はい、台北市生まれです。姉と弟とは一歳半ずつ違います。父は、台湾の奇美実業という会社の創立時のメンバーの一人で、私が小学六年生のときには家族はシンガポールに住み、父はインドネシアやマレーシアと行ったり来たりして仕事をしていました。中一のときに台北市に戻り、中二のときに一家で東京に来ました。姉は中三でインターナショナルスクールに入りましたが、ここは学費が高いので私と弟は公立中学に入れられました。日本語には漢字があるので、シンガポールで英語を勉強したときよりは気が楽でしたよ。

高校は都立戸山です。高三のときに両親が台湾に帰りました。そのとき、私と弟は父から「君たちはアメリカに移りなさい」と言われたんですよ。姉はインターナショナルスクールからアメリカの大学に進んだので、父としては私と弟もアメリカで教育を受けたらいいと考えたのでしょう。私たちもそのつもりで高三の夏休みに準備万端整えたのですが、最後の最後になってビザが下りなかった。理由はよく

(三) Douglas Melton（一九五三－）：アメリカの医学研究者。ハーバード大学幹細胞研究所共同所長。

わかりません。台湾籍だったからかもしれません。仕方がないので退学手続きをした高校に戻り、先生に「戻ってくるなら東大を受けなさい」と言われて受けました。

### それで現役合格とは！

予備校に通って、直前講習も受けましたよ。試験当日、数学と物理で塾でやったことのあるような問題が出て、そんなんで受かりました。

## 子供がいたので、焦らずに研究員を続けられた

### ずっと一緒に暮らしてきた和彦さんが「独立」されたのは二〇一三年ですね。

上の子は大学に受かって東京に行き、下の子はまだ熊本にいるときでした。名古屋は主人の生まれ故郷なので、良かったと思います。私はどうしようかなと思い、弟が東京で仕事をしていることもあり、東京がいいと思っていろいろ応募書類を出しました。それで東工大に採用されて、二〇一四年十二月に着任しました。

子供もいて、子育ても楽しみながら、サイエンスも諦めずにやれたのは、良かったと思います。私は就職に苦労しなかったように見えますが、サイエンスをいかに追究するか、その過程でいろいろ苦労はありました。そういうとき、パートナーがすごくサポートしてくれたし、いつも背中を押してくれた。

私たちの境遇は二人三脚みたいでした。

自分のことを振り返れば、子供が生まれたことで、あまり迷いもなく研究員として長く続けられた。御子柴研には博士課程時代も含めて十年いました。さらにボストンのハーバード大学で三年間。普通だったら、任期付きではない安定した職に早く就きたいと思うのでしょうが、私はそうした焦りをほとんど感じることなく実績を積むことができた。それが結果的に良かった。

研究内容はボストンからずっと変わっていません。幹細胞から膵臓の細胞への分化がどうすれば効率よくできるか、培地の成分をどのようにすればいいのか、といったことを探っています。熊大から東工大に移ってくるときに見つけたことが二つありますし、企業との共同研究もしています。培地の特許もとりました。

ただ、糖尿病の患者さんに役立つようにするにはまだまだ課題があります。効率をもっと上げないといけないし、安全性を確かめていく必要もある。iPS細胞から目的の細胞ができるまで一か月以上かかるので、その間の品質管理も難題の一つです。つくった細胞をどういう形で体内に入れるのがいいのかも、まだ研究途上。一歩一歩、着実に研究を進めていきたいと思っています。

# 「家族は一緒に暮らす」を貫き、アメリカと日本で「生命の起源」研究

地球生命科学

## 鈴木志野さん

すずき・しの
1975年東京都生まれ、長崎県育ち。東京理科大学基礎工学部卒、東京大学大学院農学生命科学研究科修了、博士（農学）。（株）海洋バイオテクノロジー研究所、アメリカのJ. クレイグ・ベンター研究所を経て2015年海洋研究開発機構（JAMSTEC）高知コア研究所。2020年11月に宇宙航空研究開発機構（JAXA）宇宙科学研究所准教授、JAMSTEC招聘主任研究員を兼務。2023年8月から理化学研究所の主任研究員も兼務。

鈴木志野さんは、アルカリ性が強すぎて生物などいないと思われていたアメリカ・カリフォルニア州の山奥でヘンな微生物を見つけた。七年間滞在したアメリカから家族そろって帰国して高知県にある海洋研究開発機構（ＪＡＭＳＴＥＣ）の研究所に所属すると、普通の生物なら生きられない「極限環境」を求めて深海や地下圏にサンプルを採りに行く生活に。さらに宇宙にも守備範囲を広げ、生命の起源という謎とがっぷり四つに組んでいる。

## 研究船に乗って海底から試料を採る

**極限環境を求めて船に乗ることも多いそうですね。**

はい、二〇二〇年に宇宙航空研究開発機構（ＪＡＸＡ）宇宙科学研究所（宇宙研）に移りましたけど、ＪＡＭＳＴＥＣとの兼務が続いていて、二〇二三年は三月にＪＡＭＳＴＥＣの海底広域研究船「かいめい」に乗って、土星の衛星エンセラダスの環境と似ているとされるマリアナ前弧域の海山を掘削して試料を採りました。八月は別の研究チームで沖縄トラフに行き、二酸化炭素が湧きだしている場所（ＣＯ２シープ）で試料を採った。こういうところには、特殊なエネルギー代謝で炭素固定をしている微生物が結構いる。だから、生命の多様な生存戦略を理解するだけじゃなく、これをいつか技術化できないだろうかという欲望が出てきているんですよ。

**二酸化炭素を食べる微生物がいるということですか?**

そう、海中の酸素がない環境のなかで光合成とは違うタイプの炭素固定経路が動いている。これを技術化できれば、増え続けるCO2の問題も解決できるかもしれない。だけど、そういう研究を宇宙研でやるのは難しいんですよね。宇宙の研究所だから。で、理化学研究所でも研究室を持ったんです。

**へえ〜、三つの研究所を掛け持ちとは、「引く手あまた」ですねえ。**

引く手あまたというよりは、生命の生息限界や生命の起源を理解し、かつそれを利用していくには、一つの研究機関のみでは難しいと言うほうが正しいと思います。

**なるほど。二〇〇八年にアメリカに渡る前は、研究者をやめようと考えていたと聞きました。**

ええ。東京大学の大学院でポスドク(博士号取得後研究員)として植物と微生物の相互作用の研究をしていましたけど、いろいろつらくて、最後は教授の指示と折り合いがつかず、最終的に研究室に行けなくなった。半年ぐらい行けないままで、このまま研究者をやめてしまおうかと考えていました。ちょうどそのころに結婚し、夫がアメリカのJ・クレイグ・ベンター研究所から誘われたんです。

**ヒトゲノム解読を民間の立場で強力に推し進めたクレイグ・ベンター㈠がつくった研究所ですね。私は彼の話を間近で聞いたことがあります。ヨーロッパで開かれた会議に参加したとき、こぢんまりした**

部屋で記者会見が開かれたんです。研究者の枠を飛び越えたパワーをビンビン感じました。研究所は西海岸のサンディエゴにあるんですよね。

そうです。いいところですよ。たまたまなんですが、夫を誘ってくれた研究グループに、私が大学院でアメリカ・航空宇宙局（NASA）のジェット推進研究所に二週間留学したとき知り合った研究者が入っていた。彼はアメリカ人ですけど、日本の状況をよく知っていて、私が研究者をやめようとしているのを聞きつけて「アジアでは女性研究者が少ないんだから、やめてはいけない」「あなたが幸せでなければあなたの夫もいい研究ができない」などと励ましてくれた。それで、夫と一緒にアメリカで研究することにしました。

## アメリカの自由な雰囲気のなかで「ヘンな生物」を発見

ところが渡米二か月後にリーマンショックが起こり、私たちのチームの研究費がなくなるというまさかの事態になった。自分たちで研究費を取るしかなく、チームのメンバーがそれぞれアメリカ国立科学財団（NSF）に提案書を書きました。そうしたら、私と夫が書いた提案書だけが二つ採択されて、三年間で億円単位の研究費がもらえることになった。夫は産業技術総合研究所所属の学振特別研究員で、

(一) John Craig Venter（一九四六- ）：アメリカの分子生物学者・実業家。国際共同プロジェクト「ヒトゲノム計画」が進む中で、独自の方法でゲノム解読を進めたことで知られる。二〇〇六年にJ・クレイグ・ベンダー研究所を設立。

一年半の予定でアメリカに来たんですけど、予定を変更してそのまま二人ともJ・クレイグ・ベンター研究所の研究員になりました。

私が取り組んだのは、北カリフォルニアの個人所有の山奥での微生物探しです。ジープに乗ったまま川を七つも越えて行くんですけど、そこの泉はpH(二)が一二もある強アルカリ性で、「生物なんていない」と思われていた。私の上司も「何もいないかもしれないよ」と言いつつ、わからないから調べてみよう、となった。実際に採ってきたサンプルを顕微鏡で見ても、微生物はいない。でも、泉の水を一トンぐらいフィルターで濾したら、DNAが採れた。これで「生き物がいるな」とわかった。さらにゲノム配列を決めてみたら、「これ何？」っていうヘンな生物で、自分が間違っているのか、何なのかわからない。もう一回採りに行って分析しても、やっぱり同じデータだし、もう一回行っても同じ。

生命に必要な遺伝子は一五〇〇個程度とされていたのに、この細菌は四〇〇個程度しか遺伝子を持っていない。しかも、エネルギー生産に必須と考えられていた遺伝子を持っていないんです。ものすごく変な生物が、常識的に考えると生物がいなさそうなところにいた。こんな驚くべき事実に対して、私が好きに仮説を考えていいんですよ。未知の仕組みでエネルギーを獲得しているんだっていうように。これは解放感があって、自由だなと思ったときに、「あ、これが科学の面白さか」って思った。誰も見ていない世界を見た瞬間に、人ってもっと知りたいって思うんだなって思った。

そもそもこの研究は自分が提案したものだし、失敗しても自分で責任をとればいいだけなんで、気楽じゃないですか。誰も巻き込まないでいいから。だったら、無謀なこともできちゃう。アメリカの自由な雰囲気がそうさせてくれたのだと思います。日本で学生をしていたころは、「図一、二、三をイメージして研究しなさい、そうしないと論文書けないですよ」っていうようなことばっかり言われた。「論文を書けないと職はないですよ」とも。それも真実ですが、そうすると研究をつい「置き」にいってしまう。アメリカに行ったら、科学ってそういうものじゃない。論文を目的化してはいけないと言われるわけですよ。だって、クレイグ・ベンターが人工生命の研究を、論文を書くためにやっているわけないじゃないですか。

**確かに。彼は二十年以上前から人工細胞を作る研究をしていて、二〇一六年には「最小のゲノムを持つ人工細胞を作った」と発表した。「論文を書くため」なんかではないですね。**

世界を前に進めるために研究しているわけですよ。そういう意味では、宇宙研も未踏の地に、独自の技術で探査機を飛ばすことを目指しているので、好きなんです。二〇二四年に月面に着陸したＳＬＩＭ（小型月着陸実証機）も日本独自のピンポイント着陸技術の見事さを証明したと思います。もちろん、はやぶさ・はやぶさ2をはじめとして探査機で得たサンプルで、インパクトのある論文が発表されています。

(二) 水素イオン濃度。中性は七。数字が大きいほどアルカリ性が強く、小さいほど酸性が強い。

## 競争の激しいところはイヤ

### そもそも、どうして研究者の道に？

私は中三の九月に長崎から福岡に引っ越して、そうしたら長崎ののんびりした雰囲気とは全然違って「内申点が必要な高校には行けない」と言われて傷つき、何とか私立女子高に入りました。そこでメンデルの法則に出会って感激し、生物学の勉強をしたいと思うようになったんですが、高校受験が嫌な思い出として残っていて、大学入試にそれほど興味が持てなかった。東京がいいとは思い、あんまり競争の激しいところは嫌で、生物学科のある私立大学にいくつか願書を出しました。

私、極限微生物なんて研究するようになったのは、そういう過酷な環境にいる微生物にシンパシーを持つということもあるんですけど、この分野は競争が少ないっていうことも大きかったんですよ。やっている研究者はあまりいないですから。ともあれ大学受験のときは東京のおばあちゃんのところに泊まったんですけど、このおばあちゃんが口うるさくてね。パンを食べるとき「斜めに持つな」とか言われて、高校生にとってはとっても面倒で、早く福岡の家に帰りたいなあと思った。最初に試験があったのが東京理科大学で、手ごたえが良かったので家に電話して「受かったと思うから早く帰りたい」と言ったら、母は「そうなの、だったら帰ってきたら」って明るく言った。それで、合格発表の前に帰りました。父からは、「ほかの大学の受験料がもったいない」ってちょっと怒られましたけど。

**アハハ、確かにもったいない。理科大に入ってどうでした？**

免疫を勉強したくなったんです。そうしたら、三年生の実習のときマウスを殺さないといけなくなって。私は殺すのがつらくて、それで、微生物にしようと思った。微生物に興味があったわけじゃないんですけど、一番心が痛まないから。

四年生で微生物の研究室に入り、放線菌の研究をして、自分で考えてやっていくのは楽しいなと思って、修士までは行こうかと思った。ところがその先生は定年退職されるので、ほかを探さないといけなかった。試験管の中より自然環境にいる微生物を研究しているところがいいと思って探したら東大（農学生命科学研究科）にあったので、そこに入りました。でも、あんまり楽しくなかった。実験がうまくいかなかったというわけではなかったけれど、さっき話したように、論文を書くために研究しているようなところがあって。ただ、ほかの世界を知らないから、社会はこういうものなのかなあと思っていました。

## 科学の面白さが見えるまでがんばろう

**よく我慢しましたね。**

子供のころに読んだエジソンとかキュリー夫人とかの伝記では、どんどん科学にのめり込んで、ご飯を食べるのも忘れる、みたいなことが書いてあったのに、そんな面白いことには一度も立ち会えなかった。ただ、それはまだ修業が足りないからなのかもしれないと思い、科学の面白さが見えるまではがんばって続けてみようかと思ったんですよ。

博士号を取ってから、岩手県釜石市にあった海洋バイオテクノロジー研究所というところの任期付き研究員になりました。海の研究を始めたのはここからです。南太平洋のいろんなところに行ってカイメンなんかを採取して、そこから微生物を培養して、すごい楽しかったんですが、あるとき東大時代の教授や先輩から電話がかかってきて「研究室で大きな予算が取れたから、戻ってきてくれないか」というんです。迷ったけれど、何回も電話があり、釜石は寒いし、私は雪の上を歩くのが得意じゃなくてしょっちゅう転ぶし、父の転勤で両親が東京に引っ越していたこともあって、元の研究室に戻った。ところが三年目ぐらいで限界を迎えてしまい、研究ができなくなったわけです。

**そのころに結婚されたんですよね。どういう方と?**

岩手の海洋バイオテクノロジー研に私の一年あとに入った東京工業大学出身の研究者です。第一印象は「生意気で、私とは気が合わなそう」だったんですが、テニスが上手で、私もテニスはちょっとやりたかったんで、研究所にあったコートで教えてもらっているうちに仲良くなったという感じですかね。私が東京に引っ越す一週間か二週間前ぐらいに「付き合ってほしい」みたいなことを言われた。

**へえ、どう反応したんですか?**

驚きました。でも、私は研究所を辞めて東京に行くので、離れるわけじゃないですか。だったら、うまくいかなくても大したことないなと思って、気楽な感じでＯＫしました。同じ研究所にいたのは十か月ぐらい。それから二年ほどたって彼はつくば（茨城県）の産業技術総合研究所のポスドクになり、まもなく一緒にアメリカに行ったわけです。

**離れている間は、いわゆる遠距離恋愛。**

そうです。電話ですね。彼はすごく変わった人なんです。はたから見ると私のほうが変わっているんですよ、多分。だけど、彼は私の人生で本当に見たことのないタイプです。すっごく真面目で誠実で、絶対ウソをつかない。彼の兄弟も私も、彼が怒っているのを一回も見たことない。何だろう、人と比較するとか一切ないので、嫉妬とか妬みとかがない。だから、すごくラクというか。

義理のお母さんに「何で結婚したの？」って聞かれたときに、「万が一この地球が滅びて彼がたった一人になったとしても、ちゃんと朝昼晩食べて、健康に気をつかって、明日は少しでも良くなると信じて、寿命を全うしそうな人だから」って答えたんです。義理のお母さん、「は？」っていう顔をしてた（笑）。

**アハハハ。想定の範囲をはるかに超えた方向から来た答えだったでしょうね。**

## 「夫婦は別々に住まない」と約束

私たち、結婚するときは「夫婦は別々に住まない」という約束をしたんです。そうなったら私が仕事を辞める。その代わり、家族を路頭に迷わせない責任は夫が持つ。それが、結婚するときの最初の約束です。仕事は変えられるけど、家族はそうはいかない。家族になるなら一緒に積み上げていきたい、というのが私の考えなんです。夫には仕事でベストを尽くしてもらって、私はついていくと言ったら、夫も「それでいい」って。ただ、私も心機一転してアメリカで研究するのだから、当面は研究に集中したいと思った。私はいろんなことを同時にはできないので、今は子供を欲しくないと言いました。夫は絶対子供が欲しいと言った。私は「そもそも結婚して三年以上たたないと本当にあなたとやっていけるかわからない」って……。

**――へ？　そんなこと言ったんですか？**

はい。私は疑り深いんですよ。それに、子供を産んだらすごく大事になっちゃうから、「ほかのことを失ってもいいと思えないと産めない」と言った。そのころはまだ「科学の本当の楽しさ」を体験できていなかったし、夫を本当に信じられるのかもわかんないし……。お互いわかんないじゃないですか、そんなの（笑）。だから、「結婚して五年は子供を産まない」と宣言したんです。ところが私が三十五歳になるとき、高齢出産になるからそろそろ真剣に考えるべきときだと夫が言って、話し合ったんですよ。彼は何も望まないタイプなのにこんなに子供を望んでいるのはよっぽどのことなんだと思って、結婚四年目に「産むまではやるけど、あとはお願いね」って言って産みました。彼はむしろ「そこから先は全部僕がやりたい」みたいな感じで、本当によくやりました。とくにウンチのオムツは夫が九割替えましたね。

へえ～！

本当に分業です。料理は私、洗濯は夫、という感じ。子供が少し大きくなってからは、ピアノは私が見て、勉強は夫が見る、とか。

## アメリカにいる間に日本が変わった

二人目はいつ？

二人目はアメリカでは産めないって私が言ったんです。給料は良かったんですけど、やっぱり家族の手伝いも得られないし、アメリカでベビーシッターを雇う勇気もなかったし。私もだんだん偉くなって予算の審査とかで出張も増えてきて。それにアメリカで子育てすると、私たちが「差別される側」になる可能性がある。親として二人の子供を守り切れるかと考えると、子供の教育は日本のほうがいいと思った。私が「二人目はアメリカでは無理」って言ったら、夫は一秒後ぐらいに「じゃあ日本に帰ろう」って。

日本を出たときは「帰ってくるところはないよ」といろんな人に言われたし、「日本は生え抜き主義だから、若いうちに入ったところで偉くならないと生き残れない」とも言われた。それでもアメリカのほうが楽しそうだからって渡米したわけですが、私たちがアメリカにいる間に「大学はグローバル化しないと」とか、「女性を増やさないと」とか、日本が急に変わったんですよ。それで、外国にいる私たちに「うちに応募しませんか」みたいな話が日本から来るようになった。夫にはいくつか話があったんですけど、あんまり出世欲がないんでしょうね。私も一緒に就職できるＪＡＭＳＴＥＣの高知コア研究所を選んで応募し、夫婦そろって移りました。

## 二人とも「研究員」ですか？

彼はそうですが、私のほうは任期付きでした。帰国したのが二〇一五年春で、翌年一月に次女を産みました。夫はバイオインフォマティクス（遺伝子情報学）が専門なんですけど、大量の遺伝子データがあれば楽しいらしく、高知の家でオムツを替えながらデータ解析していました。

次女がおなかにいるとき、国際深海科学掘削計画（ＩＯＤＰ）の掘削船に乗る研究提案を出していたら、出産して一週間後に「十か月後に船に乗れます」という連絡が来たんです。生まれたばかりの赤ん坊を見ていたら「とても行けない」と思ったんですけど、二階に寝ていた夫が下りてきて、「乗るべきだ」って二時間ぐらいかけて説得した。私の母も「行けばいいじゃない」と言ってくれたので、二〇一六年十二月にアメリカ・グアムから乗船して、翌年の二月初めに香港で降りました。娘の一歳の誕生日にそばにいてやることができず、歩き始める瞬間も見逃すことになってくやしかったんですけど、二か月ぶりにだっこしたら私の感覚を覚えていてくれた。子供はめちゃめちゃかわいいです。家族が一番大事。夫には本当に感謝しかない。

## 子供を育てているから出てきた新たな目標

**二〇一九年には任期の付かない研究員になったんですね。**

はい。ただ、日本は女性研究者が少ないのでどうしても目立ってしまう。応援してくれる上司もいたんですけど、もともと任期付きだったので「次どうするか」は常に考えていて、やっぱり独立したPI(Principal Investigator：研究責任者)に就きたいと思ったころに宇宙研の准教授の公募が出たんです。私の両親も夫の両親もわりと(神奈川県相模原市の)宇宙研の近くに住んでいたので、関東に戻るちょうど良いタイミングだと思って応募したら、幸い、採用されました。

夫は同じJAMSTECの中で横須賀本部(神奈川県)に同じタイミングで異動させてもらい、一緒に住んでいます。私が宇宙研に移ったのは、生命の起源を知ろうと思ったら、地球の生命だけ調べていても限界があるからです。これからMMX(Martian Moons eXploration：火星衛星探査計画)っていう、世界で初めて火星の衛星からサンプルを採ってくるＪＡＸＡのミッションがあるんですけど、それを側面からですが、支えるような仕事もやっています。この打ち上げはものすごく楽しみですし、その先にあるであろう火星探査や土星の衛星エンセラダスの探査も楽しみにしています。エンセラダスの地下には海があると考えられていて、その海底下ではおそらく北カリフォルニアの山奥の地下と同じような反応が起きているんですよ。

私の本業は、極限環境にいる微生物を調べることで、とくに今は炭素固定の多様性や起源を明らかにしたい。最初の生命はどうやって炭素固定していたのか。酸素がない環境では、一酸化炭素が大きな役割を果たしていたのではないかという仮説があり、そこを明らかにしていきたい。一方、子供を育てていると、人類にとってすみやすい地球であってほしいな、というような思いが出てくるんですよ。基礎研究で得られた知識を、増え続けるＣＯ２の問題解決に役立てることはできないだろうか、というのが新たな目標の一つで、それを理研でやっていきたいと思っています。

# 2

# 数学
# 物理学

人々は生まれながらにある種の偏見を持っている、ということです。これは、本当にすべての人が持っています。私を含めて女性も。だから、女性が物理学者になろうと考えること自体が難しいのです。私たちがこういう偏見を持っているということをまず自覚するべきですね。

（二〇一五年のインタビューから）

物理学者・ナタリー・ロー

Natalie Roe　サイクロトロン（物理実験用加速器）を発明したアーネスト・ローレンスがアメリカのカリフォルニア州・バークレーにつくった研究所を前身とするローレンス・バークレー国立研究所の実験物理学者。物理研究部門の部長を務めたあと、二〇二〇年に物理部門の副研究所長に任命された。

# 結婚してから家で論文を書き、世界的数学者に

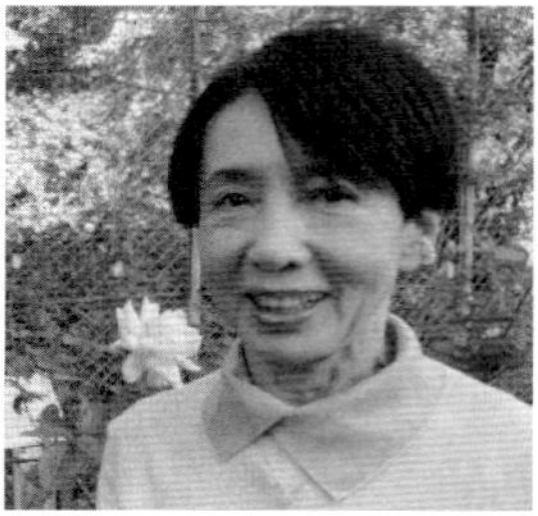

代数幾何学

## 石井志保子さん

いしい・しほこ
1950年富山県高岡市生まれ。東京女子大学卒。早稲田大学大学院修士課程修了、東京都立大学大学院博士課程修了、理学博士（東京都立大学）。九州大学助手、東京工業大学助手、助教授、教授を経て2011年東京大学大学院数理科学研究科教授、2016年同名誉教授。2021年に「特異点に関する多角的研究」㈠で恩賜賞・日本学士院賞受賞。

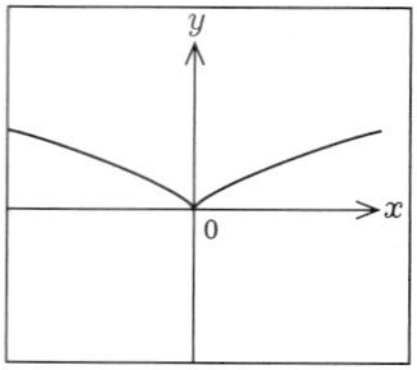


㈠ 特異点とは何か。小学校の算数では必ず「0で割ってはいけない」と習う。その「いけないこと」を無理にやったときに生まれるのが「特異点」——というのが一番簡単な説明だと思っていたが、これは「複素関数の特異点」のことで、石井さんが研究する「多様体の特異点」とは違うのだという。そちらは $x^2-y^3=0$ を満たす $(x,y)$ の集合の原点のように「滑らかでない（つまり、とんがっている）点」のことだそうだ。

「日本学士院賞」は、日本の学者にとって最高の名誉とされる賞である。その中からさらに選ばれた人だけに「恩賜賞」が授与される。明治四三（一九一〇）年の創設以来、初めて恩賜賞を女性単独で受けたのが数学者の石井志保子さんだ。東京女子大学に進学してから数学に魅せられ、「女性の数学者がいない時代」に子育てしながらコツコツと研究を続けた。三十七歳で九州大学の助手に採用され、それからはずっと国立大学で数学を教えてきた。

## 女子大時代は社交ダンスに熱中

**✵小学生のころから算数が得意だったのですか？**

いいえ、私は計算が遅くて、算数ができない子でした。数の感覚がすごく鈍いんです。そういう数学者は他にもいらっしゃいますよ。小学校時代はいじめられっ子で、よく泣いていました。学校にいるのが嫌で、早退したり、仮病を使って休んだり。

**✵高校生のときに相対性理論に惹かれたとか。**

相対論にはローレンツ変換という式が出てきますね。それを見てなんかすごく感動したんです。一つの式ですべてのことが記述できるというところに。たぶん物理の感動とは違うと思いますね。でも、そのころは物理が好きだと思って、物理の偉い人のいる大学に行きたいと、京大志望でした。ところが、学園紛争で東大の入試がなくなった年で、それで他の入試も難しくなって、結局、志望校を変更して受けたんですけど、国立大はダメでした。東京女子大と津田塾大は受かりました。東京女子大のほうが都心に近くて格好よく見えた（笑）。

### ❋浪人は考えなかったのですか？

ええ。受験数学はあんまり好きでなかった。

### ❋どんな大学時代でしたか？

お友達がたくさんできて、楽しかった。クラスが四十何人かいるんですが、みんなと仲良しになって。私自身は空気が読めないほうだったんですが、それをみんなちゃーんと受け入れてくれるような感じ。サークルは、もともとバレエを六年間習っていて踊るのが好きだったので、競技ダンスをやりました。社交ダンスを競技としてするんです。衝撃を受けたのは、これは男性が主体だとわかったこと。踊りを作るのは男性で、女性はそれに華やかさを加える役割です。上体を大きく反らしたり、猛スピードで走ったり、とてもきついんですが、二年間がんばって学年別戦で三位という成績を取れたので「卒業」しました。

### ❋女子大には男性がいませんよね？

東大と組むんです。

**※おそらく向こうには彼女探しという魂胆があったのでは。**

だとしたら、私が非常に空気が読めないんだとよくわかる（笑）。私はその気は全然なかった。

**※物理より数学のほうがいいと思うようになったのはいつごろですか？**

それは大学に入ってすぐ。極限を定義するイプシロン・デルタ論法に触れて感激して、これが本当の数学だと思った。そのあともこれが本当の数学だと思えるような経験がいくつか積み重なって、大学院に行きたいなあと。ただ、東京女子大の授業は大学院入学を想定していないので、自分で勉強するしかなく、過去問を見たりしたんですが、やはり自分が受けた授業ではカバーしきれないところがありました。三校受けて、かろうじて一校受かり、早稲田大の大学院に進みました。

大学院では代数幾何㈡ばかりやっていました。なんか自分自身が変わっていくのが面白かった。下宿先で朝起きてご飯を食べて研究し始め、それで夜にお風呂の中で朝起きたときの自分と違っているような気がしました。そういう経験ってそのときだけですね。あとにも先にもない。何か新しいものをすごく貪欲に吸収する時期だったのかなと思います。

㈡　代数（演算や方程式）を用いて幾何（図形）を研究する数学の分野。

## 「ものになるか心配になって」結婚

**❋修士から博士に行くところでちょっと間があいていますね。**

実は修士が終わった時点で、ものになるか心配になって、結婚したんです。

**❋えーっ、そうなんですか。お相手は同じ富山県出身で、自治省（当時）を経て富山県知事を二〇〇四年から四期十六年務めた石井隆一さんと承知しています。**

私が大学生のときに知人が紹介してくれたんです。でも、そのときは結婚する気がなくて、「大学院に行きたい」と言ったら、「じゃあ、がんばりなさい」という感じでした。それから二年ぐらいの空白があって。連絡をしてみたらまだ独身でした。そのあと、金沢転勤が決まったというのです。この人を逃したら、もう先はないという気がしてきて、私が追いかける形で金沢に行きました。そこで結婚式を挙げました。

**❋そのときはいわゆる専業主婦になろうと？**

いえ、その覚悟はできていなかった。あわよくば復帰してやろうと。それを夫はわかっていたと思う。その証拠に、媒酌人に渡した自分たちの紹介文に、「志保子はこれこれこういう数学の仕事をしていて、できれば博士課程に進みたいと思っている」と書いたんですよ。媒酌人はその通り読み上げて、その後に「もちろんこれは冗談ですが」って(笑)。真面目な方だから、こんな嘘くさいこと言えないって思われたんでしょうね。

**※新婦が博士課程に進むって、それも数学をやるって、冗談にしか聞こえなかったわけですね。**

そうでしょうね。夫も半信半疑だったのでしょう。私が家で英語の論文を読んでいたら、「それ、お前わかるのか?」なんて言っていた。でも、だんだん協力的になって、金沢から東京に転勤になったときに博士課程に行きたいといったら「いいよ」って。東京都立大の大学院に入ったのは一九七七年ぐらいかな。在学中に長男が生まれました。当時は博士号を取るには専門誌に掲載された論文が数本必要とされていました。

## 論文は「絶対一人で書く」

**※論文は一人で書いたんですか?**

もちろんです。若いころは単著(一人で書いた論文のこと)を貫いたんです。女性が男性の先生と共著論文を出したら、「あれは先生が書いた」というような話が、たとえ事実でなくても出てくる。そういう実例を知っていましたから、警戒して、自分は絶対単著でやると決めていました。あ、ちょっと待ってください。私は最初の論文を金沢にいるときに書いたんです。どこにも所属しておらず、指導教官もいませんから、論文の最後に入れる所属先の欄には金沢市の自宅の住所を書いた（笑）。

最初の論文ですから、英語なんてめちゃくちゃなんですが、名古屋大学の浪川幸彦[二]先生が以前から励ましてくださっていたので、先生に原稿を送りました。そうしたら、指導教官代わりに英語を直してくださったうえにドイツの数学専門誌への投稿を勧めてくださって。投稿したら幸いにも掲載されました。ああ、私ってなんと恩知らずなんだろう。浪川先生の御恩を忘れてしまって。今まで、この話をしたことはありませんでした。

**❋修士を出たあとに家で一人で論文を書いたとは驚きました。数学者としてやっていけると思えるようになったのはいつごろですか？**

博士課程で論文をいくつか書いてからですかね。

**❋書いた論文がすごく褒められたりしたのですか？**

いいえ、特には。論文誌に投稿してアクセプト（掲載許可）されると「良かったですね」と言っていただくぐらいで。数学者はそういうことは表に出さない人が多いです。ただ、博士号を取ってから、なかなか就職できずに苦労しました。アプライ（応募）はもう常にしていました。トータルで三十いくつしたと思うんですけれども、二十五ぐらいまで数えてあとはわからなくなってしまった。

## 九州大学に東京から遠距離通勤

**❋ようやく一九八八年に九州大に採用されたんですね。**

子供が四歳か五歳のころ、一九八四年か八五年あたりに夫の転勤で北九州市に行きました。二年ぐらい住んで、九大の先生たちとセミナーをやってすごく楽しかった。そのあと、東京に戻ってから、「助手を募集するから応募しませんか」と連絡が来たんです。最初は迷いました。「遠いからちょっと無理だよねえ」と夫に言うと、「まず最初のポジションをゲットするのは大事だよ。そのあと異動するということもできるんじゃないか」って言うんです。子供のことは何とかなるみたいなことも言って、でも自分でやるわけじゃないのに、どうしてそんなことを言えたんでしょうね。

**❋実際にはどうされたんですか？ ご実家も遠くて頼れなかったと思います。**

結局、私が考え出したんですよ。私が大学院生時代にお世話になっていた下宿の息子さんがそのとき大学生になっていて、彼が泊まりに来てくれて子供と一緒にご飯を食べてくれて、朝ご飯は夫の分も作ってくれて。家庭教師兼お兄ちゃんみたいな感じで。

㈢ なみかわ・ゆきひこ（一九四五－）：専門は代数学、数学教育。

毎週、東京と九州を飛行機で行ったり来たり。助手という職階だから、何とかなったんだと思います。それにしても、良く採用していただけたと思います。当時は女性の数学者がいない時代でしたから、数十人の応募者の中から私を選ぶのは簡単ではなかったようです。私を推薦してくださった何人かの先生がたが大変苦労されたと聞きました。九大には一年七か月いて、そこで東工大の公募があったので、応募したら採用されました。仕事に行ってその日のうちに家に帰れるのが嬉しかったですね。

### ※まさに夫の隆一さんのアドバイス通りになったわけですね。

そうですね。ただ、九州から戻ってしばらくしたら夫が静岡に転勤になって、静岡は近いので私も一緒に行きました。今度は静岡から遠距離通勤です。子供が六年生になって、静岡の塾に通って中学受験しました。首都圏の私立中学に合格したので、私と息子だけ一足先に東京に帰ってきて、息子は東京から中学高校に通いました。

### ※働く母にとって中学受験は大変な難関なのに、お見事ですね。

いや、もうほとんど全滅なんですよ。一校だけ受かった。ところが、息子は高校でほとんど勉強しなくて、すごく能天気な男だから模擬試験では志望校を堂々と書くのだけれど判定はいつもEでした。三年生の十月からは自由登校で学校に行かなくてよくなって、家で勉強をし始めた。でも「お母さん、英語の勉強って、問題集を買ったほうがいいかな」なんて聞いてきて、もうこの時期に何言ってんの、という感じ。ところが、自分で計画を立てて勉強するのが合っていたみたいで、第一志望に合格しちゃった。今まで、あれしなさい、これしなさいって言っていたのは何だったんだろうと思いました。私はほとんど自分のことで頭がいっぱいで、ほったらかしていたんですけど、ふと見ると遊んでいるから「勉強しなさい」っていっぱい言った。悪いパターンですよね。

## 数学の苦手意識を私が息子に植え付けたかも

**❋息子さん、数学は得意でしたか？**

私が苦手意識をつくったかもしれない。息子の言によると、私に数学の質問をすると、私の人格が変わるんだって。自分の子供だと、いい加減なことをされるとちょっと許せない。「自分の間違いが許せない」の延長線上にあるのでしょう。やっぱり自分の子供を教育するのは難しい。

**❋夫の隆一さんは子育てにどのくらい関わったのでしょう？**

精神的なアシストだけです。夫の実家はふとん屋さんだったので、女の人が働くのは普通だとは思っていたんでしょうね。とはいえ、価値観は古かったんじゃないかなあ。結婚するときは、僕は自分の目標が妻の目標であってほしい、みたいなことを言っていた。途中から変わってきたんですよね。二心連帯って言うようになった。一心同体ではなく、という意味です。

**❋いい表現ですね。**

夫がラジオ番組に出たことがあって、それを聴いて私は初めて知ったんですけど、九州に引っ越したときに、自分は用があって外出して戻ってきたら、引っ越しのダンボールの箱がいっぱい置きっぱなしになっていて、妻がダンボール箱を机にして何か計算していた。それを見て、こんなにひたむきに頑張っているんなら、この人の目標を取り上げてはいけないと思った、と。なんか思い出すと今でも涙が出てきます。どこでもドアじゃなくて、どこでも机、だった。でも、夫がそんなふうに見ていてくれたんだなと、ジーンときてしまう。

私が何でここまで続けてこられたかというと、サポートしてくれる人に恵まれたということと、自分自身の執着心がかなり強かったということがあると思います。でも、執着心が強すぎるぐらいでないとできないという社会はどうなのでしょうね。才能に応じてその才能が開花できる社会であってほしい。数学は家でも研究ができますから、女性にとってはやりやすくて、一番伸びしろのある分野だと思うんですよ。それなのに、理系のほかの分野よりも伸び方が少ない。そこが何とかならないかなと思っています。

## 世界に衝撃を与えた共著論文

**❋最初は単著ばかり書いていたとのことでしたが、恩賜賞の受賞理由に取り上げられている業績の中に**

は共著論文もありますね。一九六八年に出された「ナッシュ問題」(四)というものを、プリンストン大学(アメリカ)のヤノシュ・コラー(五)教授と一緒に二〇〇三年に解決された。四次元以上では成立しないこともあるという結果は世界に衝撃を与えたそうですね。

年を取ってから共著論文を書く楽しさを知りました(笑)。単著論文を積み上げてきてそれなりに知られるようになり、共著者が全部書いたと誤解される恐れもなくなりましたし。

ナッシュ問題は二次元でばかり研究されていたので、四次元以上では成り立たないこともあるという結果には確かに皆さんが驚いて、大きな反響がありました。国際研究集会に招待される回数も増えましたし、基調講演を任されたこともあります。

国際的な研究の場では、女性であることはあまり気にならないし、気にもされませんね。男性か女性か、あるいはそれ以外なのか、とにかくほとんど関係ありません。日本の女性には、ぜひ数学の世界に飛び込んでみて! と伝えたいです。

(四) ゲーム理論への貢献で一九九四年のノーベル経済学賞を受けたジョン・フォーブス・ナッシュ(John Forbes Nash Jr.：一九二八-二〇一五)は、数学者としても活躍した。彼は「特異点を通る無限小曲線の全体」として「特異点の弧空間」を導入し、「この弧空間の既約成分の集合」と広中平祐(一九三一-)氏による特異点解消に現れる「本質的因子」の集合との間に一対一対応があるのではないか、と予想。これが「ナッシュ問題」と呼ばれた。

(五) János Kollár(一九五九-)：ハンガリー出身の数学者。専門は代数幾何学。

# 大学からも政府からも頼りにされ、数学研究も研究運営も全力投球

離散幾何解析学

## 小谷元子さん

こたに・もとこ
1960 年兵庫県生まれ。東京大学理学部数学科卒、東京都立大学大学院博士課程修了、理学博士。東邦大学理学部講師、助教授を経て 1999 年東北大学大学院理学研究科助教授、2004 年同教授。1993 〜1994 年ドイツ・マックスプランク研究所客員研究員。2014 年 3 月内閣府総合科学技術会議（現・総合科学技術・イノベーション会議）議員（2022 年まで）、2020 年東北大理事・副学長、2022 年外務大臣次席科学技術顧問。

東北大学の理事・副学長を二〇二〇年から務めるのが、数学者の小谷元子さんだ。二〇二一年からは外務大臣の次席科学技術顧問にも就き、日本を代表する立場で海外に行く機会が増えた。専門は幾何学。「研究が好きで、人と口をきかないで研究だけするほうがたぶん自分の性格とか能力には合っている」。そう思いながらも研究運営の経験を積み、大学からも政府からも頼りにされる存在になった。

## バラバラな構造のなかでの幾何学

**❊東京大学の理学部数学科を卒業されて、大学院は東京都立大学に進まれたんですね。**

私は幾何学のなかでも微分幾何と呼ばれる分野を専門にしていたんですけれど、その分野の先生が東大にはあまりいませんでした。助教授の方が一人だけでした。で、その先生から、微分幾何なら都立大か筑波大学、大阪大学がいいと聞き、自宅から通える都立大を選びました。

東北大学も幾何学が強い大学で、私は東北大に助教授として採ってもらえたとき、とっても嬉しかった。自分がやりたい研究の中心地に来られたって。当時、砂田利一(一)先生が東北大にいらして、新しい分野をつくり出していたんです。幾何、つまり図形の問題は座標が入れば方程式が書けて、解析学の問題になる。それが「微分幾何」で、最近では「幾何解析学」とも呼ばれます。これを座標が入らなくて

(一) すなだ・としかず（一九四八- ）：専門は幾何学、大域解析学、離散幾何解析学。

もできるようにしたいという機運が高まってきて、その中心にいたのが砂田先生です。私も興味を持ち、「離散」、つまり連続していないバラバラな構造での幾何解析学をやり始めました。確率論を取り入れて、バラバラな構造のなかでの幾何学を考えるんです。

**❊その成果で、優れた女性研究者に贈られる「猿橋賞」を二〇〇五年に受賞されたんですね。受賞理由は「離散幾何解析学による結晶格子の研究」となっています。**

はい。受賞すると、中高生向けや一般向けの講演などアウトリーチ活動をいっぱいやりなさいと勧められました。それが務めかなと思って引き受けていたら、毎週末、どこかで講演するような生活になった。当時は、「いい研究ができて賞をもらったら、研究する時間がなくなるってどういうこと？」って思っていました。

でも、大学全体の委員会のような場に呼ばれるようになったのは、この賞をもらったから。そういう意味では、猿橋賞がなければ今のような仕事はしていないと思います。私は研究以外の仕事は「自分には向いていない」と感じつつやってきたので、それが幸せだったかどうかはちょっとわからないですけど。

最初は、若い人を集めて研究企画のアイデアを練る学内委員会に、理学研究科から推薦されて入った。委員会をつくったのは、当時の東北大の研究担当理事です。私が推薦された一番大きな理由は猿橋賞かなと思うんです。そのときは大したことはしませんでしたが、総長が代わって総長室のなかに若手の教授たちを集めて、「研究」とか「教育」とかを企画する五つのグループをつくったんですね。その「研究」グループのリーダーになった。四十七歳ぐらいのときでした。それでいろんなことを勉強させてもらった。研究に関わるいろんな情報を把握し、国の科学技術政策とかも大学から情報を与えてもらって勉強した。企画運営の勉強もしました。この経験がなければ、たぶん内閣府の総合科学技術会議（現・総合科学技術・イノベーション会議）の議員にもならなかったと思うし、その後のいろんな仕事もしていなかったと思う。

## 「忘れられた」数学への期待

**❊総合科学技術・イノベーション会議は、総理大臣が議長を務めて科学技術政策を決定する、日本の司令塔ですね。その議員も重要なお仕事ですが、文部科学省が二〇〇七年から始めた「世界トップレベル研究拠点プログラム（WPI）」で最初に採択された五拠点の一つ、東北大の原子分子材料科学高等研究機構（AIMR、二〇一七年から材料科学高等研究所に改称）の代表を務められていたことを、かねがねすごいなあと思っていました。**

私が代表をしたのは、拠点ができた五年後からです。だから二〇一二年からですね。それ以前に、私ぐらいの年代の数学者はみんな知っている『忘れられた科学——数学』という報告書が文科省科学技術政策研究所（NISTEP＝ナイステップ、現・科学技術・学術政策研究所）から出たんです。

**❋あ〜、出ましたね。ナイステップが日本の数学研究のあり方にある種の危機感をもって二〇〇五年にワークショップを開き、翌年、それまで進めてきた調査研究を取りまとめて報告書を公表した。そこで語られていたのは「行政が数学を忘れていた」という反省です。**

そう、それで科学技術振興機構（ＪＳＴ）が数学も支援するということになったんです。「これは応募しないとね」と思った。募集されていたのは戦略的創造研究推進事業の「数学と諸分野の協働によるブレークスルーの探索」という領域で、個人型研究の「さきがけ」とチーム型研究の「ＣＲＥＳＴ（クレスト）」の二種類のプログラムがあった。どちらにしても「諸分野」という要素が必要なんだけど、東北大は材料科学が強いから。

**❋そうですね。東北帝国大学創設時からの教授である本多光太郎[(二)]先生が大正時代から昭和初期にかけて世界最強の磁石を次々つくりだし、それ以来、連綿と続く材料科学の伝統がある。**

これは学内委員会の委員をやっていたことのメリットの一つだと思うんですけど、会議でいろんな人に会うと、「どんな研究をしているんですか」とかいう雑談もする。すると、「数学をこんなふうに使えないか」と相談されて、結構ほかの分野から数学への期待があるんだなって肌で感じていたんです。

歴史的に初めてＪＳＴが数学を支援してくれることになったので、応募しよう、応募するなら材料科学との協働だよねということで、東北大の材料系の先生たちと一緒にクレストに「離散幾何学から提案する新物質創成と物性発現の解明」というタイトルで応募しました。採択されたのが二〇〇八年で、数学領域で最初にクレストに採択された三つのチームのうちの一つです。二〇一三年度までの五年間、すごく楽しく生産的に研究ができた。私は理論グループの代表であると同時に、実験グループも含めた全体の代表を務めました。

一方、東北大のWPI-AIMRは二〇〇七年に採択されましたが、そのとき私は全然関わっていなかったんです。あくまで材料科学の拠点でした。ところが、東北大の先生が質の高い研究をするのは当たり前で、今までにない新しい材料科学とは何か、どのようにして生み出すのか、大学本部でもいろいろ知恵を絞って、数学を入れるといいんじゃないかという話になってきた。材料科学って実はいろんな分野の人が集まっているんですね。金属系や物理系の人もいれば化学系もバイオ系もいて、そういう人たちが分野を超えて相互理解することは予想以上に大変だった。これは異分野融合研究に共通する課題です。そこに数学が入ると、科学の共通言語だから意思疎通が進むのではないかということで、私が招かれた。おそらく、クレストに採択されていなければ声はかかっていないと思います。

**❋なるほど。小谷さんが入ってから、狙い通りに研究が進んだんですか?**

そうですね。割と高く評価されたとは思っています。時代もちょうどデータの時代で、データに基づいた材料探索というようなものがはやり出した。我々が方向性を示したのははやる前だったので、先見

(二) ほんだ・こうたろう(一八七〇-一九四五):専門は物理学、金属工学(冶金学)。

の明があったということになりました。

## 両親は好きなことをやらせてくれた

**❋そもそも、小さいころから数学が好きだったのですか？**

好きになったのは、中学生からですね。図書館で数学の本を読んでわからないことにぶつかると、数学の先生のところによく質問に行っていました。数学に限らず、本を読むのがすごく好きで。あのころは研究者ってどういう職業か知らなかったけど、研究者みたいな生き方をしたいと思っていましたね。一生本を読んで、調べものをして、考えていけたら幸せだなと。そういうのが職業になるっていうことをいつ知ったかというと、よくわからないですね。でも、研究者ってハードルが高い気もしていたから、なれるかどうかはわからなかった。

**❋お生まれは？**

（兵庫県）宝塚市で生まれたんですけど、すぐに大阪府の枚方市に移りました。そこに十歳までいて、（神奈川県）鎌倉市に引っ越した。父は会社員で母は専業主婦でした。学年が二つ下の弟が一人います。母はけっこう理系が得意で、お医者さんになりたかったらしいんです。けれど、祖父から「女子が勉強するものじゃない」と言われ、やらせてもらえなかった。なので、私には好きなことをやらせてあげたいと言ってくれた。私は数学とか理系が得意でしたけれど、だから医者になれとかは言われなかったし、女性が理系に進んじゃいけないなんてことももちろん言われなかった。父も応援してくれました。二人とも、子供を信頼してくれた。二人がケンカしているのを見たことがありません。穏やかにしているところしか見たことがない。

**❋それは素晴らしい。鎌倉で中学に入ったわけですね。**

はい、横浜国立大学附属鎌倉中学校に入り、高校から東京学芸大学附属に行きました。

**❋中高時代のクラブ活動は？**

やらなかったですね。運動会とかは嫌いでした。みんなで何か一緒にやりましょうっていうのが苦手で。

**❋大学では？**

入っていないんじゃないかな。東大には進振り（進学振り分け）があるじゃないですか。

**❋はい、三年生で進む学科を、一、二年生のときの成績順で決めていく制度ですね。**

私は数学科に進むために東大に入ったので、進振りで落とされたら悔やんでも悔やみきれないと思って、結構勉強しました。それまでは英語とか全然やらなかったけれど、大学に入ったら語学も一生懸命やった。

## 私は良いロールモデルではない

**❋それで希望通りに数学科に進学できたわけですね。ところで、取材をお願いしたとき、「私は良いロールモデルではない」っておっしゃいましたよね？**

はい。家族もいなくて、趣味もそんなになく、基本的には仕事しかしていないんで。家族がいる人が幸せとかいう意味でもないんですが。私の年代で、教授とかになっている人の多くが結婚していない、もしくはお子さんはいない方なので、やはり当時は両立するのは難しかったのだと思います。私自身は、子供を育てながら業績を上げていく自信がなかったので、そこは二者択一しました。

**❋結婚はされた。**

はい、二十六歳のときに東大の駒場時代の同級生と。振り返ると、私のほうが勝手に「こうあるべき」像みたいなものをつくって、それがちゃんとできないことにストレスを感じていたんですね。すごく悩みましたし、相手の人には申し訳なかったという気持ちでいっぱいです。でも、育児は女性だけが負担するものではないし、時代も変わり、ワークライフバランス環境も変わってきました。今はいろんな選択肢がありますね。

❋ええ、日本社会もここ五十年ほどでずいぶん変わってきました。昔は女性が大学で職を得るのは本当に大変でした。小谷さんは博士号を取って、すぐ東邦大学の講師になったんですね？

そうです。一九九七年四月には助教授になりました。

❋その前にドイツのマックスプランク研究所に行った。

はい、当時の所長は微分幾何の有名な学者で、ちょっと日本びいきでした。それで、日本人が結構行っていた。私が行ったのは一九九三年だから、ソビエト連邦が崩壊したあとで、旧ソ連から優秀な数学者がいっぱい世界に出ていって、学位を取ったばかりの人のポスト獲得競争が厳しくなって大変、という時期でした。それでヨーロッパだけではなくアメリカなど世界中からたくさん優秀な若い人が一時的にマックスプランクに来ていて、そういう人たちと仲良くなって楽しかった。日本人とアメリカ人はドイツ語ができないという共通点があり、自然とアメリカ人と仲良くなりました。一年後に帰国して、その後離婚して、私の感覚では、離婚してすぐに東北大への就職が決まりました。

## 日本の国際化に貢献したい

**✵そこから着々と研究業績を上げ、一方で大学全体の研究運営や日本の科学技術政策づくりにも深くコミットするようになった。二〇二二年には外務大臣の次席科学技術顧問に就任されたんですね。**

ええ、科学技術外交は今まで以上にすごく重要になると思います。この職についてから、今まであまり行く機会がなかったアセアン（東南アジア諸国連合）諸国とかアフリカとかにも行くようになりました。日本はこれまで「国際」っていうことが後回しだった気がするんです。まず日本で何かやります、そのあとに海外展開しますみたいなツーステップでなく、最初からグローバル市場で考えないとこれからは立ち行かないと思う。そのときに大事なのは、オーストラリアやニュージーランドも含めたアジアパシフィックでコミュニティーをつくっていくこと。いつまでも欧米が決めた研究のフロンティアに乗っかるか乗っからないかという勝負じゃなくて、日本がリードするアジアパシフィック圏からの研究発信が必要かなと思います。

顧問の仕事には明確なミッションがなく、これは海外の科学顧問に聞いても同じような状況で、皆さん、自分の専門性を生かしながら国にとって必要と思うアドバイスをしている。私は国際化というところで、何か貢献したいと思っています。

もちろん、数学の研究もやりたい。数学って、設定を考えるところが一番難しいんですよ。設定ができれば、あとはスルスルいく。設定を考えるには、何にも邪魔されずにそれに集中する時間が必要です。今でも、一か月は難しくても一週間ぐらいなら誰にも会わずに研究することができている。それをやっている分には私は幸せです。

# 「心身がガタガタだった」三十代からの大いなる復活

中性子物理学

## 大竹淑恵さん

おおたけ・よしえ
1960年東京都生まれ。早稲田大学理学研究科素粒子・原子核理論専攻博士課程修了、理学博士。茨城工業高等専門学校講師を経て、1996年理化学研究所研究員。2013年から理研の光量子工学研究領域光量子基盤技術開発グループ（現・光量子工学研究センター）中性子ビーム技術開発チームチームリーダー。2020年からニュートロン次世代システム技術研究組合（国交大臣認可）理事長。2023年から日本中性子科学会会長。

理化学研究所（理研）の大竹淑恵さんは、中性子を使って橋や道路などのインフラの内部を「透視」する技術の開発をリードする物理学者だ。自ら「遅咲き」という。研究が軌道に乗ったのは五十代から。最初の結婚は六年間で終わり、四十歳を過ぎて踏み切った十七歳年下のパートナーとの事実婚は六十歳で解消した。「私はいつも男の人を養っちゃう。それで、相手が駄目になっちゃうんですね」。最近それに気が付いたと、豪快に笑うのである。

## 中性子線でコンクリートや鉄鋼材料の中を見る

**※自然科学の総合研究所として、あの渋沢栄一らが一九一七年に創設したのが理研です。研究成果の社会への普及を当初から重視してきました。大竹さんがなさっているのも、一般には馴染みの薄い中性子線を社会に役立てる活動ですね。**

理研でチームリーダーになったのは五十二歳のときです。その前から中性子線を出す小型装置、と言っても長さ一五メートルありますから一般的な感覚では大きな装置ですが、その開発に取り組み、コンクリートや鉄鋼材料の中を見る実験を重ねてきました。それで、新たな計測技術の開発に成功したんです。この技術の実用化につながる長さ五メートルの二号機をつくり、車に積めるぐらいの大きさの三号機も開発中です。

中性子は名前の通り「中性」ですから、物質の中をかなり通り抜けることができる。その先に計測器を置くと、物質の中の構造が見えます。道路の場合は、地中に計測器を置けないので、中性子がぶつかって出るガンマ線や散乱中性子線を道路の上でキャッチします。そうやって内部の劣化の程度を測る装置も開発しました。コンクリート内部の塩分濃度が高まると鋼材腐食など劣化が早まります。また、コンクリートの土砂化が進んだり、中に穴ができたりしても劣化が進む。社会の安全を守るために、壊さずに内部の様子を知る方法が求められているのです。

**※そうした業績が評価され、二〇二二年に日本中性子科学会から学会賞を受けられました。**

正直に言って、びっくりしました。中性子の研究は大きな加速器や原子炉を使うのが王道だったところへ、なるべく小型の装置を作って社会インフラの保守点検やものづくり現場での非破壊計測に使おうという、まったく新しい分野に挑み、実際に使えるところまで持ってきた点が評価されたと聞きました。

大学院での専門は理論物理でした。博士号を取ったあとに中性子の実験を始めたのですが、最初はもっぱら（現代物理学の基本である）量子力学の基礎に対する関心からでした。三十五歳のときフランス・グルノーブルにある世界一の中性子線施設で実験しましたが、本当に楽しかった。そのころから、まずは基礎科学の研究をし、五十歳ぐらいから社会に貢献する研究をしようと思っていたんです。

**※へえ、きちんと人生設計をされていたんですね。理研に入ったのは三十五歳のときですね。**

早稲田大学の博士課程を修了してすぐ、茨城県ひたちなか市にある国立の茨城工業高等専門学校（茨城高専）に就職しました。「量子力学を教えられる人を探している」というので応募しました。学科主任の先生は「若い人は外に出そう」という方針で、研究を奨励する方でした。高専には週に四日行けばよく、一日は研究に専念する時間と費用を確保してもらっていたので、母校や近くの筑波大学に定期的に通いました。一方、東海村が近かったので、原研（日本原子力研究所。現在の日本原子力研究開発機構原子力科学研究所）の三号炉で実験も始めました。大学院最後のころから共同研究を始めた京都大学の実験グループが中性子干渉を観測する設備をゼロから作るところで、「近くにいるならちょっと手伝って」と言われ、京大の院生さんと一緒に床に線を引くところから始めた（笑）。自分は理論が専門なので実験は無理だと思っていましたけど、一つひとつ教えてもらって、だんだんのめり込んでいきました。

一九九三年には京都大学大学院の物理の研究室に内地留学しました。文部省（当時）にそういう制度があったんです。もっと研究したくなって中性子研究の中心地フランスに行き、このときは在職したままというのは認められなくて半年休職しました。帰国して半年後に理研に入りました。

## 頑張りすぎて体調ガタガタだった

### ❋きっかけが何かあったのですか？

原研三号炉で実験をしていた東京大学物性研究所の先生が、理研が建設した放射光施設「スプリング

8（SPring-8）」（兵庫県播磨科学公園都市）にも関わっていらして、「チャンスがあるかもよ」って教えてくださったんです。

**❋スプリング8は、加速器から出てくる強力な電磁波を物質の解析や分析に利用するための巨大な施設です。一九九八年に起きた「和歌山カレー事件」で毒物の分析に利用されて有名になりました。**

そうですね。内地留学でお世話になった京大の先生も応援してくださり、ちょうどスプリング8が立ち上がる時期で、とてもラッキーでした。でも、私はこのとき体調を崩して、ガタガタの状況でした。

**❋どんな風に？**

半年の休職を取り戻すために帰国後は高専生の卒業指導にものすごく頑張ったんです。食事もろくにとらずに学生指導をし、睡眠時間も二、三時間といった生活を続けたら、小学校のときにかかった腎盂炎が本格的に再発してしまった。卒業研究発表が三月八日で、終わったら病院に行ってそのまま入院です。四十度、四十一度の高熱が続き、薬を点滴しても下がらなかった。

採用面接がその一週間後ぐらいにあって、医者に頼み込んでこの日だけは東京に行かせてもらった。退院できたのは連休の直前で、いったん千葉県我孫子市の実家に行きました。そのとき、父が倒れたんです。もともと心臓が悪く、見つけたときは相当危ない状態で、電話で医師の指示を受けて私が車で東京の病院に運んだ。運よく名医に手術をしていただけて、一命をとりとめたんですが、その間に実家が漏電で火事になったんですよ。

**❋え〜！**

母も見舞いに出ていたので、家には誰もおらず、誰も死ななかったんですけど、全焼でした。結局、播磨に行けたのは一九九六年の五月も中旬でした。でも、その後、私は精神的に壊れちゃった。朝起きられなくて夜寝られないとか、頭が発散しちゃう感じで。そもそも私は自己評価が低いんです。低いから頑張るんですけど、自己評価が低い人がうつ状態になると、本当に生きているのが大変になります。ものすごくつらかったですね。薬を飲んで、ある程度持ち直して、仕事はしていました。ところが二〇〇〇年に私が実家に行ったとき、母の不在中に父が亡くなりました。七十二歳でした。さまざまな後始末が一段落すると、ひどい喘息になりました。

喘息のひどいのって、横になれないんですよ。横になると呼吸ができなくなる。三か月ぐらい、夜中もずっと座っている状態になりました。それで体調が完全におかしくなって、そのころのことはあんまり記憶がない。播磨の近くには大きな病院もないし、和光に異動することになりました。

## 東海村の装置で研究開発にカムバック

**❋埼玉県和光市は理研の本拠地ですね。**

ええ。すると、理研に導いてくれた物性研の先生が「和光に戻ったのなら、東海村の装置の面倒を見てくれないか」とおっしゃった。ご自分は放射光に専念したいから、と。もともと、それほどユーザーのいる装置ではなかったので、ゆっくりのペースで仕事ができた。その後、北海道大学の先生がここに新しい装置をさらに加える三年間のプロジェクトを立ち上げて、私もその下に入って元の装置の高度化に取り組みました。これで本格的に研究開発に戻れたっていう感じでしたね。

**❋東海村って、和光から遠いですよね。**

外環を走ったらすぐですよ。中性子実験をする人は、中性子線のあるところならどこだって行きます。フランスでもアメリカでもオーストラリアでも、それこそ遊牧民のように、自分のサンプルなり装置なりを持って旅をするんですよ。

**❋小型中性子源をつくるプロジェクトはいつ始まったのですか?**

二〇〇八年ぐらいから検討が始まりました。その前の二〇〇四年に私は肺塞栓を起こして死にかけたんです。そのとき「苦しい」と電話をかけたのが十七歳年下のネットで知り合った男性で、すぐに彼が救急車を呼んで病院まで付いてきてくれたので死なずに済んだ。それで、彼と二度目の結婚をしました。事実婚でしたけど。

**※ちょっと待ってください。一度目の結婚はいつでしょうか？**

早稲田の同学年の人と博士課程二年のときでした。私は女子学院の出身で、早稲田の理工学部は男の子ばっかりだったので過ごしにくかった。入学早々に付き合う人ができて、大学生活がラクになりました。彼は建築史を専攻し、大学院から東京大学に進みました。美術のこととか、文学のこととか、たくさん教えてもらいました。二人とも学生のときに結婚したので、健康保険はお互いの親の保険でした。茨城高専に就職したのは、とりあえず健康保険を持てる身分を得なきゃと思ったこともあるんです。

**※へえ〜。**

就職したらすぐ夫を扶養家族にしました。だけど、向こうはどうも博士号を取らない様子。短大などで教えたりしていましたが、私が国際会議に行ったりすると、もうバランスが取れず、というか彼の精神的安定が得られず、家庭内がひどい状態になりました。私は日本の男性社会の中にいるよりヨーロッパで実験したり議論したりしている方がよっぽど楽しいと思っていましたが、彼は私が海外出張するのをとても嫌がった。子供はできなかったし、彼が東京から遠い大学で職を得たのをきっかけに別れました。そのあと、割とすぐに彼が結婚したので、私はホッとしました。

でも、よく考えたら、何も健康保険のことを私が考えなくてもいいんですよね。「自分で考えろ」でいいはずなのに。私はいつも男の人を養っちゃう。それで、相手が駄目になっちゃう。二度目も同じことをやったんですね（笑）。

# 祖母、母、兄の三人を看病・介護

## ❋二度目の結婚はいつですか？

四十五歳ぐらいです。喘息で夜眠れなくて、明け方からパソコンで論文を読み、合間にチャットをしていて知り合ったんです。たまたま彼は埼玉県の所沢市に住んでいた。「近いね」と言って会うようになり、二〇〇四年に救急車事件が起きた。運び込まれた病院の先生が母に連絡を取り、「彼氏っていう人と運ばれてきました」と伝えたそうです。肺塞栓で酸素が足りなくなって心臓が相当に肥大していたようですが、薬だけで治っていきました。ところが、今度は母に進行した乳がんが見つかり、私が退院した次の次の日に手術をした。それで母の付き添いでまた病院通いです。

## ❋お母さまは仕事をされていたのですか？

はい、高校の英語教師でした。父は高校の数学教師でした。母は一人っ子で、私たちは東京の初台で母の両親と同居し、私と兄は祖父母に育てられた。兄は子供のころにリウマチ熱にかかって、体が丈夫でなく、就職しても長続きしませんでした。両親は私が高校生のころに我孫子に家を建てて祖父母の家から出ましたが、兄は初台に残った。祖父が亡くなったあとは、祖母の面倒を独身の兄が見てくれた。でも、収入がないので、一時期、私がその家の地代を払っていました。

二〇〇九年の一月に祖母が百三歳で亡くなり、同じ年の九月に母が七十七歳で亡くなりました。その二年あまり後、兄が五十四歳で亡くなった。兄は病気がちだったので、私が大学病院に連れていったりしていましたから、母のがんが分かってからの数年は母と祖母、そして兄の看護や介護で大変でした。一番ひどいときは、三人が別々の病院に入って、三か所を駆け巡った。正直に言うと、二〇一二年に兄が亡くなったとき、これは仕事に専念しなさいと神様に言われたなと思いました。

**※何とも言葉がありません。大変な苦労の連続でしたね。**

いやいや、周りの人にすごく恵まれていました。だから仕事を続けることができた。十七歳年下の彼は受けた教育も家庭環境も全然異なる人でしたが、ものすごくよく本を読み、勉強する人でした。母は結婚にずーっと反対していましたけど、私は二〇〇五年から一緒に住み、二〇〇六年に教会で結婚式を挙げました。私はクリスチャンなので、一度目も教会です。最初の離婚のとき、苗字が変わることで論文の著者として嫌っていうほどの面倒な経験をしました。それもあって、二度目は事実婚を選んだ。でも、自分が信じている神様の前で誓ったので、私にとっては「結婚」です。

**※まあ、命の恩人だったわけですからね。**

そうなんです。それは大きいですね。あと、何だろうなあ。あんまり皆が寄ってきてくれないんですよ。大学院のころから、「物理をやっています」というと途端に男性は二、三歩奥に行っちゃう。先日、理研で昔秘書をやっていた年配の方に言われたんですけど、「先生はさあ、男の人の前で甘えるとか、抜けを作るとか、可愛く見せるとか、そういうことを覚えなさい」って。今更そんなこと言われてもねえ（笑）。

## もう人の面倒を見るのはいいや

**❋それで二度目の「結婚」はどうなったのですか？**

家族が亡くなってから、祖父母の家と実家を手放して中古マンションを買ったんです。私が研究者になることを後押ししてくれて、研究者であることを喜んでくれていた家族が残してくれたものだから、肉親すべてを失った私の生活がスムースになる形にしたくて。

彼はIT関係の仕事をしていました。でも、根本的な価値に関わるいろんな話は合わなかった。車が欲しいと買って、ローンが払えなくなって代わりに私が払ったこともあった。結局、生活に必要なお金のほとんどを私が払っていました。駄目なんですよね、こういうことをしちゃ。六十歳を過ぎてようやくわかりました（笑）。コロナ禍になって一緒にいる時間が増え、家事の負担が私に集中してきて、「理不尽だ」という思いがようやく膨らんできた。それに二〇二〇年に六十歳になったことも大きい。理研は六十歳が定年で、その後は雇用形態が変わる。そのタイミングで「もう人の面倒を見るのはいいや」と思ったんです。

### ※別れようと決意した。

ええ。中学時代からの友人でマンションを買うときもお世話になった司法書士に相談し、教会の牧師にも相談しつつ、行動方針を決めて、直接彼に話をしました。祖母、母、兄が逝った時にはパートナーとして支えてくれた人でしたが、出て行ってもらいました。

### ※理研の契約は六十歳を超えると一年ごとですか？

いいえ、プロジェクトリーダーとして五年契約を結びました。五年でさらに使いやすい、できれば「世界初の可搬型」を開発し、社会の役に立てるようにしたい。それだけでなく、サイエンスの研究も展開したい。宇宙や量子コンピューターにつながる物理の基礎に関わるサイエンスです。その研究に小型中性子源システムでアプローチするのは私の念願で、二〇二一年から始めました。これで成果を出すのが私の悲願です。

そう思ってくると、別の課題に気づきました。それは私自身の「体力」。研究開発を加速させるには「老化」という足元の課題を克服しなければならない。何かしたいと思い、パーソナルトレーナーを探しました。非常にいい先生と出会えました。この先生から、とても大切なことが何であるかを教わりました。身体にとっての基本の食べ物、睡眠、また具体的な体の動かし方、使い方など。とくに食べ物は、それまでは、時間が取れないから食に対する時間と労力を極力省き、九十九パーセント外食かコンビニかレトルト食品でした。六十歳を過ぎてから、人間、ちゃんと食材を調理して食べて、体も大事にして、という基本を教えてもらって、実践しているところです。今やこのトレーナー先生の週二回のトレーニングで、ほんの少しずつ負荷が上がることや正しく筋肉を使えることがストレス軽減となり、すべての生活リズムの要になっています。

**❋良かったですね。**

はい。良かったといえば、私は両親が高校教師で良かった。高校時代、聖歌隊の隊長をやりませんか、という話があったとき、音楽を専門に勉強していない私がやると大学に現役合格できないと悩んだんですが、二人とも「十代のこの時期でないとやれないことがある」と背中を押してくれた。それで高二のときは音楽ばっかりやって、とても楽しかった。お陰で浪人して、物理が好きでしたけど、受験勉強ではない物理ばかりやってしまったので、早稲田に合格したときは一生分の運を使ったと思いました。その後に出会った早稲田の先生も素晴らしかった。

実は数年前から、高校時代の後輩が聖歌隊のときの先生に習いたいと言ってきて、私も月に一回、一緒にレッスンを受けるようになりました。物理と音楽、これが私の根本にある大好きなことです。物理研究を進めて工学分野の多くの方たちと一緒に共通の目標に向かって仕事を進めつつ、サイエンスの研究に自分たちの装置で取り組めて、さらにプライベートでは音楽も再開できて、恵まれているなぁ、と実感しています。

# ウジウジ悩みながら五百人の国際チームを率いた

## 素粒子実験

# 市川温子さん

いちかわ・あつこ
1970年愛知県一宮市生まれ。京都大学大学院理学研究科物理学専攻博士課程修了、理学博士。高エネルギー加速器研究機構助手、京都大学准教授を経て、2020年東北大学教授。専門は素粒子実験。2019年から2023年まで大型国際実験プロジェクトT2K実験の代表を務めた。2023年に「仁科記念賞」を受賞。

実験物理学者の市川温子さんは、ニュートリノという素粒子のビームをつくって茨城県東海村から二九五キロ離れた岐阜県神岡町に飛ばす「T2K（Tokai to Kamioka）実験」の代表を四年間務めた。世界から五百人を超す研究者が集まる大所帯。世界各地を結ぶオンライン会議は日本時間の深夜開催となる。家では「娘からもお父さんからも当てにされていないダメキャラ」と言いつつ、新たな実験にも意欲を燃やす。

## 代表は「最終決断をするのが仕事」

**※五百人といえば、一学年二クラスの小学校の全校生徒数より多い。社員が五百人いれば、立派な大企業です。それだけの人数を束ねてこられたんですね。**

代表に選ばれたのは二〇一九年です。メンバーのうち日本人は百人ぐらいですが、装置が日本にあるので、実験代表は日本人と日本人以外が共同で務めるルールになっています。選定委員会が候補者を決めて、可否投票をメンバー全員でします。

物理学の世界ではいろいろな実験プロジェクトがあって、どれにどのくらい時間を割くかは人それぞれなんですけど、私は博士号をとって以降ずっとT２K実験に集中してきました。だから、そろそろ代表かなとは思っていました。私と一緒に共同代表を務めたのはスイスにいるスペイン人物理学者です。

**※代表の任務って、どういうものなんですか？**

いっぱい決めなきゃならないことが出てくるんですよ。みんなの意見を聞いて、最終決断をするのが仕事ですね。それに、うまくいっていないところがあったら、どうしたらうまくいくのか考える。ミーティングは北米と欧州をつないでやるので、開始が夜の十時か十一時なんです。忙しいときは毎日、そうじゃないときは週に二回か三回やっていました。

**※大変ですね。英語でやるんですよね。**

聞き取れないことはしょっちゅうあるんだけど、それは「what?」って聞き直せばいい。日本にある施設で研究する外国人は日本人に慣れているので、聞き直すのは全く恥ずかしくないし、日本人にわかるようにしゃべらないほうが悪いってみんな思っているから、とくに困らないです。

**※私は東海村のJ-PARC（大強度陽子加速器施設）を見学したことがありますが、加速器も巨大だし、地下に設置してあるのを上から覗いたニュートリノ実験用の装置も大きなものでした。これを造ったんですか？**

はい。加速器から出てくる陽子を炭素にぶつけてニュートリノビームをつくり出すという装置を、（日本の素粒子実験の中心地である）茨城県つくば市の高エネルギー加速器研究機構（ＫＥＫ）で共同研究者たちと一緒に設計・開発して、東海村に設置しました。京大で博士号を取得した後に始めて、

ＫＥＫ助手時代はこれにかかりきり。ヘルメットをかぶって作業着を着て機械の下に這いつくばっていた。

## 大学も大学院も「つらかった」

**※お生まれは愛知県一宮市ですね。**

家は毛織物工場で、一日中大きな機械がガッシャンガッシャン動いていました。私は子供のころからものを覚えるのが本当に苦手で、融通がきかないというか、興味のないことはやれない。夏休み、冬休みの宿題が全然できないんですよ。いわゆる成績優秀者に入ったことはなかった。ただ、数学と物理だけは覚えなくても解けたので楽しかったし、難しい問題ほど一生懸命やりました。五歳違いの兄が京大理学部に進んで、家にカール・セーガンの『ＣＯＳＭＯＳ（上・下）』（朝日新聞出版）や相対論の本なんかがあったので、物理をやりたいと思うようになり、一浪して京大に入りました。

でも、一年生のゴールデンウィーク明けくらいから大学にほとんど行けなくなった。コンビニでバイトだけはしていましたが、自分を怠け者だと思って、つらかった。だいたい私はいつもウジウジしていて、私の人生に迷いがない時期なんてないんです。学部時代は一年生のときが暗黒時代で四年生になるまでに少しずつエンジンがかかった感じ。何となく実験が面白そうだと思えて、物理の大学院に進みました。親は早く就職してほしかったんだと思います。「そんなに勉強してどうするの？」みたいなことはよく聞かれた。こちらも、将来、研究者になろうとか、なれるとか、思っていたわけではありません。

## ❋大学院はどうでしたか？

つらかった。研究室で、私の参加する研究を手伝う助手の方はいなかったんです。教授はテーマをくれて「つくばに行って実験してこい」って言うだけ。「原子核の性質を調べるための検出器を開発する」という実験なんですが、期限までにできないんです。やってもやっても間に合わない。何とか先輩たちに助けてもらって修論を書きましたが、審査員の先生にはボロクソに言われ……。それでも博士課程に進み、修士で始めた実験を続けました。

博士課程って、普通は三年なんですけど、私は五年かかった。最低限の結果が出るまでにそれだけかかったんです。やっているときは、ずーっとつらかったです。楽しむ余裕は全くなかった。でも、振り返ると楽しかったんですね。先生が放置主義だったのが、私には合っていた。先生のお陰で「自分で何とかしなくちゃいけない」ということをすごく学びました。

学生を指導する立場になってみると、「自分で何とかする人」って博士号を取った人の中にも少ない。そういう人を育てるという意味で私の先生は偉かったと思いますし、たぶんそのお陰で私はずっとやってこられたんだと思います。

## 博士課程の最後で出会った「わかりやすい目標」

❋博士課程の最後のころに研究対象を変えたんですね？

このころもウジウジと悩んでいたんです。博士号をとってからどういう研究をするか、本当に自分が打ち込める面白いプロジェクトは何なのか、と。隣の研究室に西川公一郎㈠さんという世界で初めて加速器を使ったニュートリノ振動実験を始めた人がいたので、ある日、話を聞きにいったんです。「まだ面白いこと何か残っているんですか」って。そうしたら西川さんが「CP対称性㈡の破れだよ、これからは」って。私は「ウワーッ、これだ」ってなった。そういう単純な、わかりやすいものを目標にするのが性に合っていた。

❋単純といっても、説明するの難しいですよ。

難しいですけど、でもまあ、単純なんですよ。

❋物質には必ず反物質があって、宇宙誕生のころ両者は同量だったのに今の世界はほとんど物質ばかり。それは、物質と反物質に物理法則が異なる作用をしたからだと考えられており、それを「CP対称性の破れ」と呼ぶ。しかし、実験で見つかっているCP対称性の破れはわずかなもので、これでは現状を説

**明できず、物理学の根本に横たわる大きな謎となっている。きっとどこかでもっと大きな破れが見つかるはず、それはニュートリノで見つかるのではないか、ということですよね。**

ニュートリノ実験は、それまでやっていた原子核実験と手法としてはあまり変わらなくて、実験としてはどっちも楽しいんです。だけど、目標はこういう物理の根本にかかわる大きな話がいいと思った。私、ずっと将来が不安でしたけど、自分の中には「自分はできる人なんじゃないか」という思いもあった。同僚やスタッフと話していて、「自分のほうが深いところまで物理を理解している」と思うときもあったので。

私が大学院を終えるころ東海村でJ-PARCの建設が始まったんですが、ここにニュートリノ実験施設を造るかどうかはまだ決まっていなかった。これは私がいないとダメな状態にできるなって思いました。

## ❋二〇〇一年に博士課程を修了して、二〇〇二年七月にKEKの助手に。

博士号取得後から、ポスドクとしてニュートリノ実験で働いていました。ひたすら施設の建設をやりました。仕事は大変だったけれど、助手になるちょっと前ぐらいから大変さというか、ウジウジする自

(一) にしかわ・こういちろう（一九四九-二〇一八）：専門は素粒子実験。

(二) Cは「荷電共役変換」、Pは「パリティ変換」を表し、両方の変換を同時にしたとき完全に元に戻れば「CP対称性が保存されている」という。少しでも元と違っていたら「CP対称性が破れている」という。

分を楽しむようになってきました。

**❋そして二〇〇七年に京大の准教授に就任された。**

西川さんが京大からＫＥＫに移って、後任のリーダーになった中家剛(三)さんから京大に来てほしいと声がかかった。でも、まだ子供が一歳か二歳のときで、「無理だ」と言って一度は断ったんです。

## うちの旦那さんはめちゃくちゃ偉い

**❋いつ結婚されたんですか？**

最初に言ったように私は記憶力がないので覚えていないんですが、たぶん二〇〇一年ですね。

**❋どういうきっかけで？**

いや、別にそろそろもういいんじゃないかっていうことで。修士のころからの同級生です。大学院はすごくつらい日々だったんですけど、それでも何とか続けられたのは彼がいたからというのはあると思います。私に限らず大学院生って割と不安定な状況で、この道でいいのかってみんな悩むところで、そういうとき、励まし合える人がいるというのは大きいと思います。長女が生まれたのは、いま十八歳なので逆算すると、う〜んと二〇一四年、いや違う、二〇〇四年十二月ですね。

### ❋彼もKEKにいたんですか？

ちょこっとはいたけど、そのころはもう日本原子力研究所（原研、その後二〇〇五年に日本原子力研究開発機構に改組）に就職して、J-PARCの加速器の研究開発をやっていました。

### ❋J-PARCは、KEKと原研が協力して造った大型加速器施設ですものね。

最初に京大の話をもらったときはつくば市に住んでいて、とても無理だと思ったんですけれど、七年間、施設の建設をやってきて、そろそろちょっと違う研究スタイルにしたいという気持ちはあった。中家さんから「やってみてダメなら戻ればいいじゃない」と言われ、さらに「最初の一、二年は大学の仕事を減らしてできるだけつくばにいられるようにするから」と言ってもらって。実際、どこに所属しようとニュートリノ実験をするにはつくば市や東海村でやる仕事が結構多いんです。

### ❋旦那さんは何と？

「いいよ。子供の面倒は俺がみるわ」って。子供が生まれたときから育児は半々でやってました。うちの旦那さんは偉いです。めちゃくちゃ偉いです。そのうち旦那さんの仕事の拠点が東海村になったので東海村に引っ越しました。

(三) なかや・つよし（一九六七-）：専門は素粒子実験。

## 片道六時間の遠距離通勤が三〜四時間に短縮

**❋どのくらいの頻度で京都に？**

最初の一年は二週間に一度、一泊するぐらいで、アパートを借りるのももったいないんで、大学の会議室の片隅に簡易ベッドを広げて寝ていました。その後はだんだん京都にいる時間が増えて、週の後半は京都にいて、そこに授業とか実習とか全部集めていました。

**❋先生として京大生と付き合うことになって、どうでした？**

若いころは自分自身の中に「女でやっていけるのか」みたいな気持ちはあった。なんか、想像がつかなかったんですよ。女性研究者の下に学生が来てくれるのか、とか。自分の偏見だったと思います。実際の学生さんは「女だから」みたいに見ることは全然なかったですね。女だからなめる、みたいなこともなかったし。若い世代だからなのか、そもそも元々そんなふうなのか、わからないですけど。

**❋なるほど、困ることはとくになかったわけですね。**

そうですね。毎週、行ったり来たりするのが体力的にきつかったですけど。旦那さんは私がいない間はワンオペで育児していたので、それは大変だったと思います。育児をしていると家で自分の時間がとれないので、私は最初のころは移動時間にゆっくり考え事ができてリフレッシュになっていた。でも、片道六時間の通勤がだんだんしんどくなって、十年超えたあたりからうんざりしてきました。

**❋結局、京都との往復を十三年続けたんですね。そして、東北大学の教授になられて、今度は仙台との往復になった。**

片道三〜四時間程度になりました。東海道線と常磐線では車窓の景色がすごく違っていて、私は常磐線の景色が好きです。すごくのどかで、ちょっと寂しい感じもするところがいい。

**❋それでも、体力的に大変そうです。ずっと遠距離通勤を続けるパワーはすごいですね。振り返って、子育てはいかがでした？**

うーん、とにかく旦那さんががんばって、私は語る資格がないかな。高校は毎日お弁当がいるんですが、旦那さんが作ったんです。私は実験代表になって深夜のミーティングをするようになったので、朝六時に起きられない。家ではいろんなことができない「ダメキャラ」で、娘からもお父さんからも当てにされていないです。でも、娘は娘なりに、仕事をがんばっている私をすごく理解してくれている。やっぱり、苦労があったというよりも面白かったですね。子供は自分と似ているところと似ていないところがあって、面白い。

## 娘は文系、「親の気持ちがわかった」

**❋お嬢さんは理科系ですか？**

いや、文系にいっちゃいました。子供のころ、楽しそうな図鑑を一生懸命そろえて、それを楽しそうに見ていたから、理系に行ってくれるかなと思っていたんですが……。何で文系なのって聞いたら、古い歴史とか文化に興味があるって言われた。「そんな食っていけそうにないものを」っていう言葉がのど元まで出かかったんですが、ぐっとこらえた。私の親の気持ちがこのときわかりました（笑）。

**❋T2K実験の代表は二〇二三年春に交代しました。その後はどんなお仕事を？**

自分のプロジェクトとして立ち上げている別の実験があるんです。ニュートリノと反ニュートリノは同じ粒子なのかっていう大問題があって、それを解くための実験です。T2Kは大きな実験プロジェクトに入っていったっていう感じがあるんですけど、こちらは自分のプロジェクトとしてがんばっています。あと、他にもやりたい研究があります。その内容は恥ずかしくてまだ言えないけれど、でもやりたくて、相変わらずウジウジ悩んでいます。

**❋実験はチームでやるんですよね。人集めには苦労しないんですか？**

苦労してます、苦労してます。プロジェクトが大きくなって大きな船になると、人は集まってくるんですけれど、うまくいくかどうかわからないプロジェクトにはなかなか集まってこない。規模が大きいので、いくつかの研究室が集まらないとできないんですが、まだ集められていない。

**❋大変さはそういうところにもあるわけですね。**

そうですね。ただ、この業界、つまり素粒子実験をやる人たちは必ず多人数の共同研究をするので、互いに助け合う風土みたいなものがある。私は周りにいた研究者から裏で相当サポートしてもらいました。その人たちの影響を受けて、いろんな仕事を引き受けてもきました。日本では、この業界に女性が少ないですけれど、世界ではもう半分ぐらい女性じゃないかな。日本中にうちの旦那さんみたいな男の人が増えればいいと思います。

# 女性初の南極越冬隊員の経験が大学業務に生きる

地球物理学

## 坂野井和代さん

さかのい・かずよ
1971年静岡県富士市生まれ。東北大学理学部卒、2002年東北大学大学院理学研究科博士課程修了、博士（理学）。1997年8月～1999年3月は日本南極地域観測隊参加のため休学。通信総合研究所（現・情報通信研究機構）任期付き研究員、駒澤大学講師、同准教授を経て2018年同教授。2021年10月～2023年9月学長補佐、2022年4月～2024年2月総合情報センター所長。

駒澤大学教授の坂野井和代さんは、東北大学院生のとき女性初の南極越冬隊員になった。中学生のころからの「南極に行きたい」という夢を実現させたのだ。南極に行く前、同じ研究室の先輩だった健さんと結婚。夫は東北大に就職し、妻は東京で就職して離れ離れの暮らしを余儀なくされたが、夫婦は社会通念を自在にぶち破りながら男児二人の子育てと仕事を両立してきた。

## 男と女のどちらの平均値にも近くない

**※一九九七年十一月に東京を出航し、翌々年三月に帰国した第三十九次南極越冬隊に参加されました。中学生のころから南極に行きたいと思っていたとか。**

南極の本を読んで、「南極に行ってみたいな」と思ったんですよ。「海外旅行に行きたい」というのと同じようなノリで、南極の珍しい自然をまるごと体験してみたいって。高校に入ってすぐ（一九八七年）に女性が初めて夏隊(一)に参加するという新聞記事が出た。それで、もしかして私も、と思うようになり、東北大の理学部に行くと南極に行けるらしいと聞いて一浪して東北大に入り、地球物理学科に進学したら初めて「南極に行った」と言う先輩と出会った。「噂はホントだったんだ」と思いました（笑）。一年おきに大学院生が南極に行く研究室に四年生で入り、研究テーマはオーロラを選んだ。南極の夏

(一) 南極観測隊には夏の三か月間滞在する夏隊と、一年以上滞在する越冬隊がある。

は空が暗くなりません。オーロラ観測するには越冬するしかないんです。越冬隊員に決まった当時、「途中で挫折しなかったんですか」ってよく聞かれたんですけど、本人としてはそこまで思い詰めていたわけじゃないというのが正直なところで、なるべく近づけるように進路選択していたら、たまたまうまくいって行き着いたっていう感じなんです。

## ❋当時はたくさん取材を受けたんでしょうね。

ものすごい数の取材を受けました。もう嫌だなと思うぐらい。でも、最初に隊長に面談に行ったときに言われたんですよ。「ハッキリ言ってあなたは見世物パンダだよ。でも、それもあなたの仕事だと思いなさい」って。それで割と吹っ切れて、嫌だなと思いつつも取材を受けた。そうすると「日本人初の女性越冬隊員として」とか「女性の視点で」とか聞かれるわけですよ。でも、「女性の視点で」って言われてもねえ。「私の視点で」なら語れるけど。私はたぶん、普通の平均的な女性からかなりずれているんですよ。

## ❋どんな風に？

たとえば、小学校や中学校のころ、女の子だけで集まってワイワイやるとか、一緒におトイレ行くとか、そういう感じじゃないんです。かわいいものがすごく好きというわけでもない。だから、よりによってそういう私に聞くか、みたいなことを正直、言いたかったんですけど、言うわけにもいかず…

(笑)。

小学校くらいから、男の子と遊ぶほうが楽しかったですね。昼休みは男の子とキックベースしてました。中学校のころには、自分は男でも女でもない、ニュートラルだと思っていました。それも特別なものじゃなくて、どっちでもないから、どっちでもいいや、みたいな。どっちの平均値にも近くないなというのは自分ですごく感じていました。でも根が楽天的だから、まあこれでいいやって自分で納得しちゃう(笑)。

## ❋ニュートラルなまま結婚へ?

好きになるのは男性だったので、別に問題なく(笑)。

## ❋大学四年で結婚って、早いですよね。

私が研究室に入ったら、夫は博士課程二年で、研究室のサーバー(コンピューター)の管理をしていたんです。私はもともとコンピューターに関心があったし、南極に行くにはできるだけスキルを身に着けておいたほうがいいだろうという思いもあって、彼に習いに行った。一緒にサーバー管理をしていると二人でいることが多くなって、そのうち研究室で噂になって…。

## 「絶対、南極に行く前に結婚しろ」

**❋お目にかかってわかったんですが、和代さんは背が高いですよね。彼も高いんですか？**

いやいや、夫は私より低いんです。私は一六七センチで、いまだに家族の中で一番背が高い。大学生の長男にもまだ抜かれていません（笑）。夫は背が低いことをちょっと気にしていたみたいですが、私は出会ったときからまったく気にしていなかった。

で、私が四年生の年の秋に急に彼の南極行きが決まったんです。本人は行くつもりにしていなかったのに、その年に行く人がいなくて先生から「行かないか」と言われて。そのとき私たちが考えたのは、このままいくとたぶん二人とも研究者になるだろう、そうすると二人ともどこに就職するかわからない、別居になる可能性は非常に高くて、今しか一緒にいられないんじゃないか、だったら一緒にいられるときに結婚しちゃえ、って。夫曰く、南極に行った先輩に「絶対、南極に行く前に結婚しろ」と言われたと。帰ってから結婚しようと思っていて、ダメになった人がいっぱいいたらしい。

**❋あ〜、それは想像がつきます。**

付き合い始めて半年ぐらいで結婚すると決めました。後輩の女の子に「なんで結婚しようと思ったんですか？」と聞かれたことがあって、「この人と結婚したら自分の生活をまったく変えなくていいっていう保証があったから」って答えたんです。要は私、南極に行きたかったんです。そのときはもう夜間の観測研究をテーマにしていたので、毎月のうち二週間は蔵王の観測所に夜間観測に通う生活をしていた。他の男の人と一緒に行っちゃうわけですが、そういったすべての状況を理解してくれている。お互い、研究者だから基本的な価値観は同じだし。

あと、うちは両親とも高卒なんです。何で私を大学院まで行かせたんだろうと不思議なぐらい。母が言うには「あなたは言っても聞かないから好きなようにさせてた」ということなんですが、唯一いわれたのが「結婚だけはしてね」でした。

**❋ほお、だから早く結婚した？**

いや、だからというわけじゃないですが、頭のどこかに残っていて、これで親も一安心だろうし、ちょうどいいやっていう感じ。結婚したのが二月で、その年の十一月に夫は第三十七次越冬隊員として晴海埠頭から出発しました。帰ってきたのが翌々年の三月で、その年の十一月に今度は私が南極に向かったわけです。

## 博士号を取ったら、任期付きの職しかなかった

**❋南極での様子は二〇〇〇年に岩波書店から出た『南極に暮らす——日本女性初の越冬体験』（東野陽**

**子[二]さんとの共著）に詳しく書かれていますね。**

帰国して半年はこの原稿書きに集中していました。私、受験勉強していたときは国語が一番得意だったんですよ。それなのに、すごくつらかった。二度とやりたくない（笑）。本を書き上げてから、南極でとったデータの整理を始め、二年半かけて博士論文にまとめました。オーロラの中にはすごく細かくチカチカ動くタイプがあって、昔は観測器の性能が悪くてとらえられなかったんですが、私は観測器の開発からやって、データを分析し、なぜこういう現象が起こるのかの仮説を立てた。その後、海外の研究者が私の仮説を証明する論文を書いています。

**※それは素晴らしい。博士号を取ったあとは、通信総合研究所（現・情報通信研究機構）のポスドク（博士号取得後研究員）になったんですね。**

夫は南極から帰ってきたら博士号を取る前に東北大の助手になりました。当時はそういう人が結構いたんです。夫は博士号を取るとだいたい就職先があった最後ギリギリの世代で、私の世代との間に切れ目がある。政府がいわゆるポスドク一万人計画（一九九六年度から五年間）を実施して、若手は任期付き研究員になるように誘導したから、私が博士号をとったときは任期のついていない職を得るのがものすごく難しかった。私は就職氷河期世代の一番先頭を走ってて、研究者向けの就職情報サイトを必死で探して、応募して、ようやく就職口が決まった。勤務地は東京なので、想定した通りに別居生活が始まりました。

## ❋任期は三年ですか？

はい、その三年目に第一子を妊娠しました。生まれたのが十二月末です。要は大きいお腹を抱えて就職活動をしなければならなかった。お腹に子どもがいたので、とにかく安定した職というのを第一目標にして、選り好みせずに出せるところには全部出しまくった。文系の私立大学に理系の研究者はあまり応募しないと思うんですけど、駒澤大がパソコンとかコンピューターの管理ができる人を探していたんです。募集が出ていたのは「情報系」で、「理系」ではなかったんですけど、私は内容を見て「これだったらできる」と思い、「この仕事をできるから、採ってください」と書いた。

## ❋それでめでたく採用された。

はい。大学四年でサーバー管理したのが結婚につながったし、就職にもつながった。さらにその前に私がコンピューターに関心を持ったのは、メーカーの技術者だった父がマイコンとかパソコンとかを使っていて、その取り扱い説明書の後ろのほうに「こうやるとゲームができます」みたいなことが書いてあったから。要はプログラムすればできるっていうことなんですけど、それで私は面白そうだと思った。本当に人生って偶然の連続だなって思います。意図していないことがつながっていく。

(二) とうの・ようこ（一九七〇－）：専門は地震学。坂野井さんと一緒に第三十九次南極越冬隊に参加した。

❋ほんとですね。

## 夫が半年の育児休業を取る

**❋十二月に出産して翌年四月から駒大に就職された。お子さんはそこから保育園ですか?**

いいえ、実は夫が半年の育児休業を取ったんです。駒澤では就職一年目は育児休業が取れないという労使協定があって、一方で夫はプロジェクトが一息ついたところで、「僕が育児休業を取るよ」と言って東京に来ました。取ってみたかったらしいんですよ。すごいマメな性格で、ご飯とかも私より作るんです。当時はイクメンっていう言葉すらない時代で、「どこに行ってもお母さんばっかりだ」って言いながら、予防接種とか健診とかに連れていっていました。

半年たって夫は仙台に帰り、子どもは認可外の保育園に入れました。夜十時まで預かってくれて、夕飯もちゃんと手作りしてくれるところで、しかも病気になったときは保育士さんを自宅に派遣してくれる。そういう保育園が川崎市にあったんです。それを探し当てて、その近くに引っ越した。保育園代はものすごくかかりました。あと、横浜にいた私の両親にもずいぶん助けてもらいました。夫は毎週末、東京に来ていましたけど、そのうち、どうせ行き来するんなら私が通勤で行き来しようとなって、自宅を仙台の一か所にしました。二歳の子どもを東北大の保育園に入れて、平日は夫が面倒を見る。私は月曜日に新幹線で東京に出て、東京にいる間はカプセルホテルに泊まる。

**❋え、カプセルホテル？**

ホテルに泊まっちゃえば洗濯も掃除もしなくていい（笑）し、部屋を借りるより経済的だし。週末は仙台に帰って、何とか生活が回っていましたが、「小一の壁」㈢がすごく大変だって聞いていたので、上の子が小一になったときに産休育休をとれるタイミングで二人目を狙いました。

**❋ほおー！**

何とかうまくいって、私は一年間育休を取って、仙台で暮らせた。上の子が小学校に入って昼に帰ってきちゃっても私が家にいる。

**❋でも、一年たったら東京に帰らないといけない。**

はい。下の子も東北大の保育園に入れて、平日はお父さんが面倒を見た。下の子が保育園最後の年に私はサバティカル（研究休暇）で一年間、ほかの大学に行って研究ができたので、ハワイ大学の天文学研究所に子どもたちを連れて行きました。スプライトという雷雲の上で出る発光現象があって、学生時代にもその研究をしたんですけど、このときはマウイ島の山の上から観測しました。子どもの学校対応はちょっと大変でしたが、夫もときどき来て、一年間、楽しく異文化体験しました。

㈢ 保育園では比較的長い時間子供を預かってくれるの対し、小学校に入学すると下校時間が早いなど、共働き家庭が親子ともども苦労することを「小一の壁」と呼ぶ。

それが終わって、また仙台から東京に通勤する生活が始まったんですが、私もだんだん忙しくなって。夫は夫で海外の共同研究先にすごい頻度で行くようになった。三か月のうち四週間ぐらいは海外にいる、みたいな。そうすると、子どもたちの面倒を見切れないので、この生活スタイルは限界だなと思って、横浜に自分の家を持ちました。上が中二、下が小二のときから、東京に家族がいてお父さんは仙台から週末に帰ってくる生活が始まって今に至っています。そこからは子どもの面倒は基本的に私が見るようになりました。上のお兄ちゃんがめちゃくちゃ頼りになった。下の子は学童に通いましたけど、私がお迎えに間に合わないときはお兄ちゃんに迎えに行ってもらって。

## 意外と南極観測隊の経験が役立つ

**※いやあ、なんともダイナミックな家族の歴史ですね。お仕事が忙しくなってきたというのは、とくにどの辺が？**

女性活躍ってあるじゃないですか。学外で、私だと国立極地研究所が多いんですけど、いろんな委員会に必ず女性を入れてくださいってなっていて、私の年代で超高層大気の分野で極地の研究をしている女性ってほぼ私しかいないから、全部回ってくるんですよね（笑）。そういうのがあふれて、たぶん、今でも両手で数えきれないくらいやっている。

学内でも、肩書がついてくると会議が多くなってきます。私立大学だと、講師から准教授、教授へって年齢とともに順調に上がっていくんです。その点、国立はどの段階でもガチ公募で、学外から応募する人と競争しないといけない。そこは国立と私立でだいぶ違いました。そういう意味で、私立大学は子どもを持って働きやすかったと思います。

駒澤で新しく「データサイエンスＡＩ教育プログラム」というのを始めるとなったとき、とりまとめをやってほしいと言われて学長補佐になりました。二〇二三年九月で仕事が終わりましたが、任期中にオンライン授業をきちんと制度化するという仕事もやった。二〇二四年二月までは総合情報センター所長をやりました。学内のパソコンやネットワークを管理する部署の所長なので、セキュリティのことと か勉強しながら。

**❋そういう責任あるポストが次から次に来るんですね。**

文系大学の中でＩＴのことがわかる人が少ないので、そういう仕事が回ってくるんです。やっぱり自分の能力が生かせている感じがして、楽しいですね。あと、大学の業務をやっているときって、意外と南極観測隊の経験が役立つんですよ。南極観測隊って指揮系統がしっかりしていて、意思決定のプロセスもものすごくしっかりしている。そうでないと隊員が死んじゃいますから。天候の急変などよくあり、隊長はこういう状況で人員と資材はこうなっているからこの作業を先にやるというようなことをみんなに説明して、隊員は納得して動く。学校で業務をやるときって、まさにこれと一緒なんです。

**❋確かに。**

たぶん、普通に研究者をやっていたら、なかなかそういう体験ができません。まさか南極観測がこんなところで役立つとは（笑）って、正直、驚いています。

さんざん「女性としてどうか」と聞かれた南極ですが、私の場合は基本的に夜に一人で観測して昼間は寝る、という夜勤生活で、ほかの隊員と接触する機会が少なかったんですよ。ただ、行事にはなるべく参加しましたし、天候が悪くて観測できないときなどは昭和基地内の「バー」に行っておしゃべりしました。越冬も後半に入ったころ、南極は三回目というベテラン隊員がバーのカウンターで「女性が越冬するって聞いて、最初はどうなることかと思ったけど、別にどうってことないなあ」とポロっと言ったんです。これは私にとって本当に嬉しい言葉だった。今も忘れられない言葉です。

**❋坂野井さんも男性隊員たちも、お互いを気づかう気持ちがあったからこそなんでしょうね。**

女性を迎えるためにさまざまな準備や配慮をしてくださっていたことは感じました。でも、私のほうはあまり気をつかっていなかったような気がする（笑）。南極体験は私の財産ですが、博士論文を書いたことも良かった。データ解析してまとめるのは本当に大変でしたけど、どんな課題が降ってきたときも、データに基づいて考えることが自然にできたのは、博士課程で研究プロセスを学んだ結果だなって思います。

いま、博士課程に進む人が減っていますが、私、博士課程に行くことはすごく勧めたいんです。絶対、ほかの道に行っても役に立つ。ただ、博士号を取ってもいろんな道があることは知ってほしい。私のように最終的に教育者になる道もある。「これじゃなきゃダメ」って思っちゃうと、結構苦しくなるときが多いのかなと思います。私は「これでもいいや」と思ってきた。要所要所で。だから生き残れた気がしています。

# 日本では味わえない解放感をデンマークで知る

生物物理

## 御手洗菜美子さん

みたらい・なみこ
1976年福岡市生まれ。九州大学理学部物理学科卒、同大学院博士課程修了、博士（理学）。理化学研究所基礎科学特別研究員、九州大学大学院理学研究院助手／助教を経て2009年4月デンマーク・コペンハーゲン大学ニールス・ボーア研究所准教授。2022年から京都大学理学部学際融合部門客員教授を兼務。

生物物理が専門の御手洗菜美子さんは、物理学者にとって聖地といえるデンマーク・コペンハーゲン大学ニールス・ボーア研究所で二〇〇九年から准教授を務めている。「私は日本にいたとき直接的に女性差別的なことを言われたことはない。でも、ほかの女性がそういう扱いをされるのを見てきた」。だから、スキを見せたら自分も同じ扱いをされると肩に力が入っていたと、デンマークに行ってから気づいたという。仕事で日本を訪れたときに都内のホテルでインタビューした。

## 数理モデルを使って生命を理解する

**※ボーア研究所といえば、物理学者にとっての聖地です。二十世紀初頭、コペンハーゲンの理論物理学者ニールス・ボーア(一)のもとに多くの天才、俊才が集まり、議論を重ねながら「量子力学」という新しい物理学をつくり上げていきました。**

そうですね。昔は独立した研究所だったんですけど、一九九〇年代にコペンハーゲン大学物理学科と一体化しました。私はまず一年間、客員研究員という立場で行って、帰るころに准教授の公募が出たので、帰国してから応募書類を出して、面接を受けて採用されました。

(一) Niels Henrik David Bohr(一八八五−一九六二):前期量子論の展開を指導、量子力学の確立に大いに貢献した。一九二二年ノーベル物理学賞受賞。

### ❋どういう研究をされているのですか？

数理モデルを使って生命を理解しようという研究です。最初に行った時期が、そういう研究グループがボーア研でスタートしたころでした。このときは細菌の遺伝子がどのように翻訳されてたんぱく質ができていくかを数理モデルで解析しました。私にとって新しい研究分野で、すっかりその面白さに魅せられた。今は、細菌とウイルスの相互作用を実験と数理モデルの両方から調べています。実験も自分でやっています。

### ❋生物学と物理学の学際分野ですね。

分野としては「生物物理」というのが一般的ですけど、伝統的な生物物理はDNAのメカニカルな性質とか、細胞膜の電気的な性質とか、「物質としての生物」を研究するものも多いんですよ。私が研究しているのは、物質としてではなく生きたままの生物の機能です。使っているのは、統計物理学の手法です。最近は「定量生物学」と言ったりもします。

私は九州大学の理学部物理学科を出たので生物のことはよく知らなかったんですが、研究所には生物学者もいて、皆さん私に辛抱強く教えてくれた。私が専門とする数理モデルや解析の専門家ももちろんいて、彼らと深い議論をしつつ、実験をする人たちとも日常的に会話をし、ときには実験を一緒にやるという環境はすごく楽しかった。それが今に続いています。

## 中学時代は部活もせず、塾にも行かず

**❋お生まれは福岡ですね。**

はい、福岡生まれの福岡育ちで、九大の博士課程までずっと実家にいました。父は物理学者です。原子核が専門で九大に勤めていました。母は、私が小さいころは専業主婦で、中学に入ったころから養護学校の教員として働き始めました。二人とももう引退していますけど。

**❋ごきょうだいは？**

一学年上の姉との二人姉妹です。小学校も中学校もマンモス校で、中学校は一クラス五十人近くで十何クラスありました。中学のときは部活もせず、塾にも行かず、普通にしてました。

**❋「普通に」って何をしていたんですか？**

友達としゃべっていました。学校から帰る途中に立ち止まって。十代なんで、何時間でもしゃべれる（笑）。高校ではESS（English Speaking Society）と演劇部に入りました。文系か理系かは悩んだんですよ。数学が好きでしたけど、英語も好きで、いろんな人としゃべれるようになるというのが魅力だった。先生に相談したら、理系から文系には移れるけれど、逆は難しいと言われ、とりあえず理系にし

た。

**❋それ、よく聞く話ですね。お父様に相談は？**

しなかったですね。仲が悪いわけではなく、そんなに反抗期でもなかったんですけど。最終的に物理学科を選んだときは父も嬉しかったと思いますが、強いていえばおススメはしないぞっていう感じでした。高校時代は数学のほうが好きだったので、数学の先生に相談したら、私の記憶では「数学は天才がやるもんだ」と物理を勧められましたね。それに、東大か京大を受けろと言われ、うちの親に電話がかかってきたこともあった。

**❋へえー。ご本人はどう思ったのですか？**

特にどうも思わなかったかな。受けてもいいけど、親に迷惑かけてしまうっていう感じ。基本的に実家から通えないところだと経済的に厳しいって言われたんです。行くとしたらバイトをしないとダメだよと。親が変わっていたのかもしれないですね。普通なら「ぜひ受けろ」なのかもしれないですが、「どうしても行きたかったら行ってもいいけど」という感じで、私も「どうしても行きたい」わけではなかった。先生からは「東大を受けても受かる」と言われ、なんか、かえってどこでもいいやと思った。私、ちょっとあまのじゃくなところもあるんで。反学歴社会みたいな気持ちもあったかもしれない。

# 日常レベルの現象を理解するのは楽しい

**❋九大の物理学科に入って、どうでした？**

それまでの物理のイメージって宇宙と素粒子だったんですが、大学に入ってから統計物理を習って、面白いと思いました。たぶん、父が原子核の教員だったので、父からなるべく遠い分野をやりたい（笑）という思いもあって、四年生で統計物理学研究室の中西秀《なかにしひいず》先生のところに入りました。

**❋統計物理学とは何か、簡単に説明してください。**

水が氷になるとき、水分子を一個見ていても差はわからないですよね。摂氏0度でも水分子は水分子ですから。でもたくさんいると、お互いのつながりが摂氏0度で劇的に変わって、ちゃぷちゃぷしていたのがいきなり固くなる。そういう、たくさん集まるからこそ出てくる現象を理解するのが統計物理です。

**❋そのどこが一番面白いと思ったんですか？**

何だろう。まず、素粒子の研究はちっちゃくしていってモノを理解しようとするんですが、日々の理解からどんどん離れていくようなところがありますよね。物理学科には、素粒子みたいなのが一番の基本で、それがわかればすべてわかるという雰囲気を持っている人もいるんですけど、それがわかってもどう見ても世界はわからんだろうというのがある。集まってどうなっているかを知るのは、我々のレベルでの世界を理解するっていうことですから、そこがちょっと楽しい。

それから、統計物理を知る前は、日常レベルの現象ってなんか汚そうっていうか、応用寄り、別に応用を馬鹿にするわけじゃないんですけど、そう思っていたんです。ところが、そこには、すっきりした学問体系があった。それは予想しなかったことで、そこも面白かった。

## ❋研究者になろうと思ったのはいつごろから?

修士までは全然思っていなかったです。科学者の伝記とかを読むと、子どものころに、例えば物理学者だったらラジオを分解して、とか、そういうエピソードがあるじゃないですか。私はまったくないんですよ。テスト勉強はできるけど、研究者として向いているかは全然わからなかった。だから、修士を終えたら就職かなとも思っていたんですけど、中西先生から修論のテーマとして与えていただいた交通渋滞の数理モデルの研究がたまたまうまくいっちゃって、論文にできた。統計物理の中でも「複雑系」と呼ばれる分野の研究です。そんなに大したことじゃないんですけど、モデルを使って、今までになかった解析をして、面白い結果が出た。やっぱり、これを今考えているのは世界で私だけかもしれないというのはちょっと楽しいな、と思った。

それに、中西先生から博士課程に行く気があったら採りますよって言っていただいて。それで、就職はせずに三年の猶予をもらった感じで、とりあえず行けるところまでは行って、研究者を目指してみようかなと思いました。

## 偶然の出会いからデンマークで海外研究

**※博士課程ではどんな研究を?**

粉をやりました。粉体の研究は物理学科でそれなりにやられていたんですよ。車と同じように粉体も渋滞する。つまり、詰まる。数理的には共通するところがあるんですが、もうちょっと本格的なシミュレーションをやることにした。粉となると粒子が何千個とか何万個とかあるので、計算量がものすごく大きくなる。私はプログラミングがそんなに好きではないんですけど、この時代、それができないわけにはいかないよねって、いろいろ工夫して研究しました。やって良かったなと思うのは、応用が利くんですよ。いま、生物系の研究をずっとやっているんですけど、「細菌なんて成長する粉体だよ」って考えればプログラムを使いまわせるとか。それにシミュレーションというのは数値実験ですから、いろいろな仮定のどこが良くてどこが悪いというのを一つ一つ確かめることができる。そうすると、物理的直観が育つんです。

**※博士号を取得してからは?**

ポスドク（博士号取得後研究員）としてそのまま九大に一年いることにしました。博士二年のときにイタリアやドイツのサマースクールに行って、すごく楽しかった。確か、このときコペンハーゲンにも行きました。二年に一度開かれる複雑系の国際会議に出たときも、すごく刺激を受けた。知らない人が私の論文を読んで声をかけてきてくれたりして。それで、もっと海外に行きたいと思って、ポスドクのときにアメリカのコーネル大学に三か月ぐらい留学しました。今度は粉体じゃないことをやりたいと思っていたんですが、じゃあ何をやるかがなかなか見つからない。そんななかで、翌年四月から理化学研究所の基礎科学特別研究員に採用してもらった。

ところが一年もたたないうちに中西研の助手のポストがあいたということで、九大に戻りました。当時の九大の先生方は皆さん、優しくて、助手の身分のままで一年間、海外で研究することが可能でした。その渡航費助成の申請書を書いているときに、たまたまニールス・ボーア研究所のキム・スネッペンが九大に来ていた。

## ❋キムさんて韓国の方ですか？

いえ、デンマーク人です。キムってファーストネームで、デンマークでは男性の名前です。中西先生の友人で、もともと統計物理の人ですけれど、どんどん生物っぽい研究を始めていて、私が会ったころは生物の研究をする物理学者のパイオニアの一人だった。ここに行ったら違うことができそうだと思って、「行ってもいい？」と聞いたら、「いいよ、いいよ」とカジュアルに言ってくれた。それで受け入れ先としてキムの名前を書いて申請書を出したら通った。行ったら、雰囲気もいいし、楽しくて。一年後に九大に戻りましたけど、先ほどお話ししたように准教授の公募が出たので、すぐに応募して通った。運がいいんですよ、いろいろと。

## エンジニアになった年下パートナーと暮らす

**❋この間、どこかで好きな人ができて、みたいな話はあったんでしょうか?**

ああ、そういう意味では、今回もパートナーと一緒に日本に来ているんです。結婚はしていませんけど、一緒に暮らしています。向こうは結婚しない人が多いんで。

**❋まあ、どういう方ですか?**

ニールス・ボーア研で博士号を取ったデンマーク人です。

**❋お年は?**

若いですよ、私より。私が最初に行ったときには学生でした。そのときは、普通に友達だった感じです。

**※もう一回デンマークに行こうと思ったのは、彼がいることが影響したんですか？**

まったく。それはまったく全然関係なかった。

**※じゃあ、どんなきっかけでパートナーに？**

きっかけは特にないです。本当に特にないですね。

**※彼は博士号を取ってからどうなったんですか？**

会社に入ってソフトウェアエンジニアとして働いています。デンマークでは博士号を取った後に就職する人がすごく多い。

**※子どもをどうするというようなことは、お互いに話したんですか？**

あんまり話していないけど、まあいいかなっていう感じでしたね。私は別に積極的に欲しくないっていうわけでもなかったんですけど、別に欲しいわけでもなかった。このキャリアだと、自然なタイミングというのが存在しないので、意識してここでって決めないと子どもを持つタイミングを逃してしまうというのはあると思います。

**※ご両親から「孫の顔が見たい」みたいなプレッシャーはかからないんですか？**

ないですね。まあ、姉に子どもがいますからね。本心でどう思っているかはわからないですけど、プレッシャーをかけない親なんでありがたいです。うちの親は、元気だったらなんでもいいわよっていう感じだったので、いろいろ好きにさせてもらった。海外に行くと言っても反対もされず。途中で邪魔されずに、後ろから支援してもらうみたいな。


**❋ほうー、いいご両親ですね。**

恵まれていると思います。

## 日本にいたときは肩に力が入っていた

**❋デンマークの良いところって何ですか。**

めっちゃフラットなところですね。社会全体がそう。経済格差も少ないです。社会的な構造もフラットで、教授も全然偉くないというか、みんなファーストネームで呼び合います。

日本は、少なくとも私がいた物理学者の世界は女性が少なくて、男子学生が女性に慣れていなさすぎるというか、何か意識しすぎというか。一度、男子学生が「女の子は何であんなに物理ができないんだろう」って言ったことがあって、「私のほうが君より物理はできるけど」みたいなことを言ったら「いやいや御手洗さんは特別だから」って言われた。そういう特別カテゴリーに入れられたので、私に対しては直接来ないけれど、だからと言って何もないわけではなく、スキを見せたら「できない側」に戻されるというプレッシャーは感じていた。

女性差別的な発言をする人って強そうな人にはしないですよね。私は気が強そうなんで、実際、強いんですけど、だから、直接は言われない。でも、ほかの女性が言われるのは見聞きしていた。デンマークに行ってから「あー、日本にいたときは肩に力が入っていたな」と気づきました。

それから、デンマークは会議が少ないです。私はいまセクション長をやっているんですが、そうすると月に一回の会議がある。そういう役職がなかったら、基本、会議はない。授業も年に二コマですから、自分で研究する時間がある。

デンマークは税金が高いので、税金を払うよりはと財団をつくって研究費を出す私企業が多いんですよ。なかでも、ノボノルディスクという製薬会社がこのところすごく調子が良くて、研究費をバンバン出している。医薬系だけでなく物理系にも研究費を出すようになり、私はそこから七年間の大型研究費を去年取りました。

**※それは離れがたいですね。日本の大学から「教授に」というお誘いがあるでしょう？**

そういうつもりがあるかと非公式に聞いていただいて、お断りしたことはあります。デンマークは定年もないですし、離れる気はありません。ずっとここを本拠に研究を続けます。二〇二二年に京大から客員教授を依頼していただいて、それは年に一度集中講義をすればいいということで引き受けました。

来週は京都に行って集中講義をします。

**❋里帰りもされるんですか？**

はい。パートナーと一緒に。彼は夏休みです。デンマークに限らず、ヨーロッパでは夏に三週間ぐらい休むのは当たり前です。デンマークでは、従業員が休みを取らないと会社がお金を払わないといけない。だから、強制的に休みを取らされる。

**❋パートナーさんは、いま近くにいらっしゃるんですよね？　会いたいな。**

いやあ、めっちゃシャイなんです。許してあげてください。

# 数学の世界にダイバーシティーとインクルージョンを

確率論

## 佐々田槙子さん

ささだ・まきこ
1985年生まれ、東京都出身。東京大学大学院数理科学研究科博士課程修了、博士（数理科学）。2011〜2013年慶應義塾大学理工学部数理科学科助教、2014年同専任講師、2015年東京大学大学院数理科学研究科准教授、2023年10月同教授。

「数理女子」というウェブページ（http://www.suri-joshi.jp/）がある。副題は「数学の魅力をたくさんの女子へ」。その生みの親・育ての親の一人が数学者の佐々田槙子さんだ。数学界にいる人たちがジェンダーや社会の問題について気軽に語れるオンライン談話会の世話人にもなった。子供二人を銀行勤務の夫とともに育てながら、一人の時間が取れたときに「ワーッと」数学を考える日々だ。

## ダイバーシティーを語り合う場をつくる

**❋「おいでMath談話会」という名前のオンライン談話会を月に一度開催しているそうですね。**

研究者だけでなく、大学院生や学部生も大歓迎の会です。前半は、数学者が自分の専門分野の面白さを他分野の院生にもわかるように話します。後半は同じ講演者に広い意味でのダイバーシティー（多様性）やインクルージョン（包摂、すべての人が個性を尊重され能力を発揮できること）に関連する個人的な経験を話してもらい、そのあと少人数に分かれてディスカッションしてもらう。二〇二一年から月一回やっています。

**❋ご自身が発案されたんですか？**

沖縄科学技術大学院大学（OIST）のシャオダン・ジョウ㈠さんが、アメリカで経験した談話会は話が専門外の人にもわかりやすく、学生たちもいっぱい集まってすごく盛り上がっていたのに、日本に来たらそうした場があまりないと感じられたことがきっかけでした。ちょうどコロナの時期だったので、全国規模で談話会をオンライン開催しようということになり、私は企画の途中で誘ってもらって五人の世話人のうちの一人になりました。

実はそのちょっと前に、女性数学者の先輩と一緒に企画した研究集会の中で、一時間だけ「数学分野のジェンダーギャップ解消のために何ができるか」とか「子育てと研究のバランス」とか「インクルージョンを実現するために研究集会運営において何ができるか」など五つのテーマを立てて、好きなところに入って議論するというのをはさんだら、すごく評判が良かったんです。「男女共同参画のイベント」だったら来なかった人たちが研究集会の中の一時間だったので出てくれて、「お互いにどう考えているかが聞けて良かった」「初めて同じ分野の研究者とこうした話ができた」「またこのような機会がほしい」といった感想をもらいました。それで、数学の話とダイバーシティーなどの話を一緒にやる談話会を提案したら、ほかの世話人もいいねと言ってくれて、「おいでMath談話会」が始まりました。世話人のミーティングは毎回すごく中身が濃くて、刺激を受けます。数学とはまた違う面白さというか、勉強になる。

### ❊「数理女子」はおしゃれなデザインがとても印象的なウェブページですが、これはどのように始まっ

**たのですか？**

私は博士課程を二年で出て慶應義塾大学の助教になりました。

**❊え、二年で博士論文が書けちゃったということですか？**

そうです。

**❊すごいですねえ。**

いや、私の知る限り、数学ではそれほど珍しくない。東大では毎年一人か二人は博士課程を二年で修了していると思います。数学って、実験とかと違って、できるときはパッとできちゃうし、逆に何年かけても何の進展もないこともよくあります。慶應にすぐ就職できたのはびっくりしましたけど。

**❊公募があったんですか？**

はい。指導教員だった舟木直久[二]先生から「出してみませんか」と言われました。就職直後は、さっきまで学生だったのに、いきなり教室の前に立つことになって「何をすればいいんでしょう」みたいな感じだったんですけど、前任の先生がすごく親切で、いろいろ教えてくださったので何とかなりました。

(一) Xiaodan Zhou：専門は非線形偏微分方程式、距離空間上の解析。
(二) ふなき・ただひさ（一九五一－）：専門は統計力学、確率解析。

## 「数理女子」という名称に議論噴出

**❋話が逸れちゃいましたが、「数理女子」は?**

ああ、そうそう、慶應で出会った坂内健一㈢さんと二〇一三年ぐらいにおしゃべりをしていて、坂内さんも数学分野の女性が少ないと感じていて、私に「どういうことができると思いますか」と聞いてくれた。私は女子学院というキリスト教系の女子校出身なのですが、数学好きはあまりいなかった。数楽班っていう、ほかの学校でいえば数学研究会みたいな部活に入ったんですけど、ほとんどおしゃべりしている集まりでした。大学に入って男の子たちを見ていたら、中学高校時代から数学好きの仲間がいて、こういう本が面白いとか、数学科ってこんなところ、といった情報がいっぱい入ってきていたんだろうなという感じがして、女子生徒にもそういう情報が届くように発信したらいいんじゃないかなと伝えました。親御さんが数学科への進学を心配するということも聞いていたので、親御さんへの情報発信という意図もありました。そうしたら、次の日に坂内さんが「作りました」って。

**❋えー!**

後から聞いたら、どんな案がきてもいいようにいろいろと準備をしてくださっていたそうです。三角と丸だけでできた、こびとさんみたいな愛らしいキャラクターはいたのですが、ウェブページとしては簡易的な、本当にリンク集みたいな感じでした。名前は全然深く考えずに「数理女子」とつけました。だいぶ長いことその姿のままだったんですけれど、高校時代の友達に見せたら「これのどこが女子向けなの？」って（笑）。でも、こっちもデザインのプロでもないし、時間もないしと思っていた。それで東大に移った最初の年に、自由に使わせてもらえる資金があったんです。正直、数学って物はそんなに買わない。それでふと、「数理女子」のページをちゃんとプロに作ってもらったらいいと思いついた。当時の研究科長に相談したらＯＫが出たので、プロのデザイナーにお願いして、コンセプトなど時間をかけて話し合って、今のウェブページができました。

ただ、「数理女子」という名前はその後もいろいろ議論がありました。「リケジョ」という言葉が流行りだしてから、自分たちのことを「数理女子」って呼ばれたくないよねっていう声も多くて、実際私もそう思っていて、名前を変えようかという話し合いも何度もしました。結局、これはお店の名前みたいな扱いとして使い、人をカテゴライズする言葉としては使わないようにしよう、ということで落ち着いています。「数理女子の皆さん！」みたいな呼びかけはダメということです。

## ❊ウェブページに新しい情報をどんどん入れていくのは大変でしょう？

責任者は私と坂内さんの二人ですが、奈良女子大学の嶽村智子《たけむらともこ》さんと琉球大学の加藤本子《かとうもとこ》さんにも編

(三) ばんない・けんいち：専門は整数論、数論幾何。

集者に加わってもらいました。数学の魅力を体験してもらうワークショップも開いていて、その企画・実施にはまた別の人たちにも入ってもらって。事務局を担当してくださる方々がとても頼りになるので、続いています。

## 公募の途中で妊娠判明、東大への異動は育休中

❋佐々田さんが教員として来てから、東大数理科学研究科がずいぶん変わったと聞きました。

たまたまタイミングかなと思います。私、東大の公募に出している途中で妊娠がわかったんです。「このままだと育休中に異動になるんですけど、大丈夫ですか」と聞いたら「全然大丈夫」って言われてびっくりしたんですよね。慶應の最後の年は六月前半まで授業をして、産休・育休に入ってそのまま異動になりました。東大には、「最初は学生もいないから、ゆっくりのペースでやってください」と言われて。保育園に入れるには仕事をしていたほうがいいので、育休は三月までで終えました。

研究科の定例会議は、着任した年は午後四時五〇分開始で、七時とか八時までかかることもあった。保育園のお迎えに間に合わないと途中で抜けていたのですが、次の年から三時開始になった。たぶん、私が来る前から開始時刻を早めようと議論があったんだと思います。さらに二〇二三年から一時半開始になりました。

## ※それは素晴らしい。

私が数学科に進学したとき、同級生四十五人のうち女子は私一人で、上下の学年は女子ゼロでした。やっぱり超少数派の女性として居心地が悪いと思うことはありましたし、教員になったあと女子学生から気になる話を聞くことも何度もあった。それで、問題があると思うことはその時々の研究科長に話してきました。例えば院生室は男女一緒なんですけれど、男子はそこで平気で着替えをする。私自身、院生のときに困って、トイレで着替えたりしていた。女性特有の体調不良とかもありますし、当時の研究科長に言ったら鍵がかかる女性の部屋をすぐに作ってくれました。

教員公募の書類に「有期雇用のポストでも産休・育休がとれる」「産休・育休の期間があることは評価の際に考慮される」などを明記することを提案したら、それはすぐに書いてもらえました。あとは、私個人としてということではなく、研究科全体でいろいろな議論があって、二〇二〇年に「ハラスメントのない数理、数学科を」という宣言文ができました。どのセミナー室にも貼ってあります。「属性にかかわらず、個人として尊重されることは基本的価値」とし、ハラスメントは「この基本的価値を損なうもの」と位置付け、それを防ぐための対策を講じます、と宣言するものです。

それで、具体的に何ができるか、ということを皆さんで話し合って、「数理なんでも相談コーナー」というのも始めました。大学全体の学生相談所はもちろんあるんですけれど、学生としては数理科学研究科の先生に聞いてほしいという思いもあると思うので、ウェブ上で匿名でも相談を申し込めるフォームを作りました。教員五、六人で運営しています。

# 料理を一〇〇パーセントやる夫、それでもケンカする

**※周囲を巻き込みながら、誰もが研究しやすい環境へと一つずつ変えてこられたんですね。着任の前年に第一子誕生ということでしたが、ご結婚はいつ？**

二〇一三年四月です。夫は修士のときの同級生で、テニスや旅行をよくしていた十人ぐらいの仲良しグループの一人です。彼は修士を終えて銀行に就職しました。仲良しグループは数学以外の人もいたんですが、みんな就職して、そのまま博士課程に進んだのは私一人でしたね。二年後に私が慶應大学に就職してから、結婚を考えるようになった。それからなんだかんだ準備に時間がかかって、結婚式が二〇一三年四月でした。

彼は就職してから博士号を取り、二〇一九年一月から二年間、ニューヨーク勤務でした。それで私も向こうで仕事をしようと子供を連れて四月から行きました。東大には、若手研究者が海外で長期研究するのを支援するプロジェクトがあるんです。それに応募したら採択された。ニューヨークには素晴らしい研究者がいっぱいいるので、よい刺激をもらい、すごく研究が進みました。

アメリカで二人目を産みました。コロナのパンデミックの真っ最中で、妊婦健診もオンラインでした。仕事も在宅になって、育休は取る必要がなかった。二〇二一年一月に家族四人で帰国しました。

### ❋夫さんは子育てに全面協力ですか？

協力っていうより、自分の子供なんだから自分で育てるってちゃんと思ってるんじゃないかな。この数年は夫が料理を一〇〇パーセントやっています。大学入学から結婚するまで一人暮らしだったので、苦にならないみたいです。それでも、洗濯とか掃除とか小学校や保育園のこととか、いろいろやることは腐るほどあるので、何度もケンカはしています。彼は会社の同僚と比べたら自分はすごくやっているというんですけど、でも、あなたの気づいていないところにこういう仕事があるでしょって一つ一つ説明すると、なるほどって。たぶん、気がつかないだけなんですね。「女だからこれをやって」みたいなことは全然思っていないことはわかります。結婚前はそういう人かどうか、そんなに見極めて選んだわけじゃないんですけど。

### ❋では、どこで選んだんですか？

話をしていて楽しいから、ですかね。ああ、あんまり周りの空気を読まないところはいいと思いました。周りがどう言うか、は気にしない人です。だから、会社から早く帰ってくる。たぶん、ほかの人たちはあんなに早く帰っていないと思います。最近は、保育園のお迎えは夫で、朝の送りが私です。

## 「確率も面積も一緒」に感動

**❋ところで、数学者になりたいと思い始めたのはいつごろなんでしょう?**

数学を使う仕事ができたらいいなみたいなことは子供のころから思っていました。算数やパズルが好きだったので。どういう仕事があるかはあまりよくわかっていなかったですけど。

**❋へえ。子供のころから当然仕事をすると思っていたんですね。**

母が翻訳を仕事にしていて、フルタイムの会社勤めをしていたんです。働いている母を格好いいと思っていました。だから、自分も当然働く、と。父は物理の研究者で、私は一人っ子です。私の保育園の送り迎えは母が全部やってくれていた。今になって、本当に大変だったろうなと思います。ただ、父も結構料理を作ってくれて、私のお弁当は全部父が作りました。それに、夜は七時とか七時半とかに帰ってきて、夜ご飯を毎日一緒に食べていた。周りの友達のお父さんはもっと遅くまで働いていたので、研究者っていうのは早く帰れる仕事なんだって思っていました。ちょっと勘違いでしたけど(笑)。いや、でも一応帰ることはできるから、合っているのかな。

女子学院で良かったのは「人と違うことは素晴らしい」っていう教育をしてもらったことです。数学好きがあまりいなかったのは残念なところですけれど、数学好きでも「変な奴」とは思われないで、

「人と違って、いいね」って思われた。それはすごく感謝しています。

## ※現役で東大に？

はい、理Ⅰ（理科Ⅰ類＝工学部・理学部コース）に入りました。数学科に進むか、物理に進むかは結構迷いました。実験があまり好きじゃなかったので、やりたいことをやってみるかっていう感じで数学にしました。女子は私一人だったので、最初のころはきつかったですね。周りと馴染めないというか。二年の後期から専門の授業が始まって、新しいことをたくさん勉強しなくちゃならない。今思うと、友達がいなかったから勉強ばかりできた。あのときの勉強は、本当に糧になっていると思います。

学部の三年生のときに、確率論に出会って感激したんですよ。確率って日常生活でも馴染みのあるものですけど、難しい概念じゃないですか。ところが、数学だと綺麗に表現できる。確率の前に測度論っていうのがあるんです。測るっていうことをすごく抽象化したような理論で、次の学期の授業で「確率も測るという行為の一つにすぎない」と習って、すごく衝撃を受けた。確率も面積も一緒なんだって、私の人生で一番感動したところなんです。

五年ぐらい前に東大理学部が広報のために動画を撮るっていうんで、私が一番感動した「確率は面積だ」を話したんです。これがYouTubeで配信されて、百万回以上再生してもらっている。それ以外に二本ぐらいしか出ていないんですけど、YouTuberなんて呼ばれることもある（笑）。

## 解きたい問題がいっぱい、時間がなくて「正直困っている」

**❋大学三年で感動してから、研究者に向けて一直線だったのですか?**

いや、研究者としてやっていけるのかは、大学院に入ってからも全然自信がなかった。自分にはまったくわからないものをスラスラ解く同級生もいっぱいいたので。あ、一つ大きかったのは、ちょうど自分が読んでいた教科書を書いたマーク・ヨール(四)さんというフランスの数学者が東大に来たんです。私は成田エクスプレスを手配したり、迎えに行ったりして、そのとき「研究っていうのは面白くて人生をかける価値のあるものだから絶対やったほうがいい」とすごく熱く語ってくれた。私みたいなペーペーにもこうやって情熱を伝えてくれるのは格好いい、こんなふうな研究者になれたらいいなと思いましたね。

修士二年の二月に英語で初めての発表を京都でしました。そのとき知り合ったステファノ・オラ(五)さんというパリ在住の数学者に「フランスで勉強しないか」と誘われて、博士課程はフランスと日本を行ったり来たりになりました。その前に、ドクターに入ってすぐの五月に一か月、スイスのチューリヒを研究訪問しました。指導教員の舟木先生から「向こうの先生に頼んでおいたから」と言われ、私はどんな感じか想像もつかないまま行った。それまでずっと実家暮らしで、いきなり一人で海外に行って、すごいカルチャーショックを受けました。向こうだと人種とかファッションとか言語とかも本当にいろんな人がいて、デフォルトっぽい人がいない。過ごしやすいなというのが印象に残っています。海外に行ったのはすごく良かったですね。

最近の経験でも、国際会議に行くと体感として少なくとも三割は女性です。国内の研究集会だと、女性は私一人みたいなことがいまだにある。本当にギャップが大きい。

**❋それにしても、子育てをし、数学界を変えていく活動もするなかで、数学の研究をやる時間はどうやってひねり出しているんですか？**

それが大問題なんです！　共同研究が多いので、共同研究者と会う時間をどんどん予定に入れるようにはしています。海外に行くと、飛行機の中とか一人の時間が取れるので、そういうときにワーッと考える。でも、海外で新しい人に出会うと、また面白そうな問題が出てくるんですよ。すでにやりたい問題がこ〜んなに溜まっているのに。あとは論文を書くだけというものもあるし、新たに解きたい問題もいっぱいある。どれを先にやるか、バランスが難しい。正直困っているんです。

(四) Marc Yor（一九四九–二〇一四）：専門は確率過程、数理ファイナンスなど。
(五) Stefano Olla（一九五九–）：パリ・ドフィーヌ大学PSL校教授。専門は確率論、統計物理学。

# 3

# 化学
# 工学

物理と芸術それから哲学というのは、すごく深い関係があって、どれも人間の創造性の現れだというように思います。やっぱり人間というのは、クリエイティブであること、何かを生み出すところに本質的な面があると思います。本当にクリエイティブなものは、サイエンスであれ、芸術であれ、通じたものがあって、ある意味でみな同じなのではないでしょうか。

（二〇一三年の東京での講演から）

物理学者・ファビオラ・ジャノッティ

Fabiola Gianotti　イタリア生まれの素粒子物理学者。世界最大の素粒子実験装置を持つ欧州合同原子力研究機関（CERN＝セルン）に一九九四年に入り、二〇一六年から所長を務めている。

# 四十二歳で大学院へ、主婦から教授になった緑地デザインの開拓者

## 都市環境学
# 石川幹子さん

いしかわ・みきこ
1948年宮城県生まれ。東京大学農学部卒、ハーバード大学デザイン大学院修士課程修了(M.L.A)。1976〜1991年東京ランドスケープ研究所・設景室主幹。1994年東大大学院農学生命科学研究科博士課程修了、農学博士。工学院大学で教えたのち、1998年から慶應義塾大学教授、2007年から東大大学院工学系研究科都市工学専攻教授、2013年より中央大学理工学部教授。2019年から中央大学研究開発機構教授。

東京の明治神宮外苑の樹木を伐採する開発計画に学者として敢然と異を唱えたのが元東京大学工学部教授の石川幹子さんだ。二十六歳で経済学者と結婚し、義父母と同居して「嫁」の役割を果たしつつ三人の子供を産み育てた。四十二歳にして母校東大農学部の博士課程に入り、緑地の歴史と価値を研究して博士号を取得、その三年後に夫が心臓発作で倒れ、一年三か月後に五十一歳で他界。それから本格的な学者生活が始まったのだった。

## 明治神宮外苑の再開発事業に「何かおかしい」

**✿二〇二三年一月二十五日に、ユネスコ（国連教育科学文化機関）の諮問機関「イコモス（国際記念物遺跡会議）」国内委員会理事として、事業者による神宮外苑再開発の環境影響評価書（アセスメント）が「非科学的だ」と訴える記者会見を開きました。**

約千ページを詳細に分析して、「非科学的方法論による虚偽の構造」を明らかにしたんです。植物社会学に基づく生態学方法論の適用が必要なのに、方法論を修得していない調査者が担当していた。現況調査に根本的な誤りがありますから、これに基づく評価・予測は砂上の楼閣で、虚偽の構造となっています。一月三十日の環境影響評価審議会では「ゴーサインは出せない」との発言があり、イコモスの指摘に答えるよう事業者に求めることが決まったのに、東京都は二月十七日に再開発事業を認可しました。きわめて深刻な事態です。

私は二〇二二年一月に「何かおかしい」と思って、事業者が出している図面を片手に現場を調べ、約千本が伐採されるとわかった。その後、事業者が千十八本と発表しましたから、私の調査はかなり正確だといえます。再開発自体をやめてほしいと思いますが、そうもいかないのだろうと伐採樹木が二本で済む計画を作りました。二〇二三年四月二十六日に東京都に提出し、公表もしました。ところが事業者[一]の三井不動産は話も聞かない。日本を代表する企業が返事すらせず、都合の悪いことには完全に沈黙を決め込んでいる。予想外の展開。民主主義はどこにいったのか、って思います。

### ✿東京都や事業者はなぜ真剣に検討しないのでしょうか？

開発利益があるからです。本来、外苑のような「都市計画公園」には、超高層ビルは建てられません。しかし「公園まちづくり制度」という新しい制度がつくりだされ、民間事業者の力を活用し「再開発等促進区」を定め、制限をなくすという、とんでもないことが行われました。条件は「長い間公園整備ができず、開園していないところ」とされましたが、外苑では、秩父宮ラグビー場が「試合がない時は鍵がかかっていて、常時、開放されていない」という理由で条件を満たすと断定された。十五メートルの高さ制限がある風致地区に、百九十メートルの超高層ビルが建つのですよ。考えられますか？　法の秩序はどこに行ってしまったのでしょうか？

外苑って、みんなの財産なんです。「苑」って特別な字でしょ？　新宿御苑の「苑」で、公園の「園」ではない。明治時代にここで万国博覧会を開こうとしたんですが、日露戦争でお金がなくなって、まもなく明治天皇が崩御された。そこで伊勢神宮の内宮と外宮にならい、内苑は「聖なる森」として、外苑はみんなが美しい景色の中でゆったりと楽しめる場として整備されたんです。

『明治神宮内苑誌』(昭和五年)と『明治神宮外苑志』(昭和一二年)を読むと、この二つの緑地の意味が分かります。外苑の方は「志」という字を使っていて、ゴンベンがありませんね。自分たちが「志」を持ってつくった、ということがここに出ているんですよ。国内外の献金と献木、そして青年団の奉仕によって外苑はでき、一九二六年には日本最初の風致地区に指定されました。度重なる変更はありましたけど、基本的骨格は約百年継承されています。伊勢神宮という日本の伝統が、近代にしっかりトランスファーされているところが本当にすごい。

## 「コモンズとしての緑地」を世界各地で設計

**✿ご説明を聴くと、貴重な歴史的資産なのだとよくわかります。**

私の研究は、社会的共通資本(コモンズ)としての緑地がどのように創り出されてきたのか、守られてきたのかを、近代都市計画の原点に遡りながら明らかにしていくことでした。困難な仕事でしたが、誰も研究していない未知の領域で、「旅」をするように心ときめくものでもありました。コモンズとし

(一) 事業主体は、三井不動産株式会社、宗教法人明治神宮、独立行政法人日本スポーツ振興センター、伊藤忠商事株式会社。

ての緑地をつくるには理念が必要です。でも理念だけではできません。社会に実装するには法と政策による社会的合意の確立に基づき、具体的なデザインと資金が必要です。理念、計画、施策、デザイン、財源の五点セットがないと新しい社会的共通資本はつくれません。

　私が最初に国際競技設計にチャレンジしたのは、スペイン・マドリッドの「二十一世紀の公園」でしたが、これはEU環境基金が財源でした。貧困層の生活環境を改善するために巨大なゴミ捨て場を森林公園へと転換するというプロジェクトで、建築家の伊東豊雄[二]さんとチームを組んで応募し一位になりました。

## ✿すごい！

　公園は二〇〇三年から十年かけて完成させました。その後も伊東さんとは一緒にコモンズとなる作品をずいぶんつくっていますよ。相手を尊重してくれるのが伊東さんのいいところ。建物はお庭や風景の中で生きてくるものですから、お互いに相手を尊重して仕事をしてきました。

　大きな社会的仕事を実現していくには「協働」が必須です。私は、その場その場で、本当に素晴らしい方々に巡り合ってきました。二〇〇八年に発生した中国の四川大地震の農村復興支援プロジェクトは現在も続いています。東日本大震災では、私の故郷の宮城県岩沼市も津波被害を受けたので、そこの復興会議議長を務めて住民の方とご一緒に新しいまちづくりを進めてきました。

　震災の時に、ブータン王国の王様がお見舞いにきてくださり、そのお礼に福島の皆さんとブータンにいきました。そうしたら、首都が開発の波に翻弄されていて、王様にコモンズをつくることを進言しました。素晴らしい王様で、皇族に呼びかけ、王宮の周りの棚田や森林を保全し、コモンズが創り出されています。

外苑の樹木の保存活動は、こうした社会奉仕の一つです。考えてみると、私はずっと奉仕活動を実践してきました。キリスト教系のミッションスクールで育ったからかもしれません。

## 宮城県のお嬢様学校から東京大学へ

**✿本当に幅広いご活躍ですね。お生まれは現在の宮城県岩沼市なんですね。**

はい、仙台の南、電車で三十分ほどの海沿いのまちです。うちは祖父が政治家をしていて、いつもいろんな方が出入りしていて、プライバシーなんてない状態。私はそういうのがとっても嫌で、もっと真っ当な暮らしをしたい、それは学問だろうと思っていました。

中学高校は仙台の宮城学院です。お嬢様学校で、休み時間になると机の中から箱を出してレース編みをやるの。競争でね。私なんかフランス刺繍、上手でしたよ。あのころは駅のすぐそばに学校がありました。当時は戦争で夫を亡くされた方がたくさんいました。朝、家で育てた野菜をかついで海沿いの塩

(二) いとう・とよお(一九四一-):代表作に「せんだいメディアテーク」、「台中国家歌劇院」など。二〇一三年プリツカー賞受賞。

釜に行ってそれを売って魚を仕入れて、その魚を売る「かつぎや」のおばさんがいっぱいいて、みんなたくましいの。電車にはそういうおばさんも大勢乗っていて、仙台駅の前には市《いち》が立っていた。ここにはアコーディオンを弾く傷痍軍人さんもいて、戦争の被害を受けながら必死に生きる人たちが大勢集まっていて、とにかくカオス。そこを通り抜けていくと、まるで天国のような学校がありました。荘重なパイプオルガンと讃美歌で、一日が始まる。毎朝、そういう複雑なものをたくさん見て育ったので、いろんなことを考えました。戦争の悲惨さとか、平和の大切さとか、人を愛することがどれだけ大事かとか。

高校三年生のときに、役所に勤めていた父が亡くなりました。要するに大学は学費の安いところにしか行けない。お嬢様学校だから、受験勉強なんかしていないから現役では受からない。東京に叔父がいたので、そこで一年間受験勉強をして東京大学に入りました。

植物の勉強をしたいと思っていました。高校の先生に里山にいろいろ連れて行っていただいて、野草大好き、植物大好き人間になりました。でも、あのころは高度成長期で開発もすごかった。大好きな森がある日突然、ブルドーザーが入ってなくなってしまう。こういう理不尽なことを学問によって解決できないかと思っていました。

ところが、入学しても大学紛争でバリケード封鎖されていて、中に入れなかったんですよ。私の次の年は入試が中止。そういう世代です。私は何でストライキやっているのかわからない。結局、勉強しようと思って大学に来たのに勉強ができなかった。その思いはずっとありました。

## ハーバード大で経済学者に出会い、三日で結婚を決意

**✿学者になる前は主婦だったとうかがいました。**

そうなんですよ。子供を三人育て、夫の両親と同居して、みんなのごはんを作っていました。東大農学部の大学院博士課程に入ったのが四十二歳のとき。一番下の子が小学校に上がるタイミングで、三人の子供を集めて「今までお母さんはあなたたちのために一生懸命やってきたけど、お母さんはやっぱり勉強したいから大学に入る。反対してもダメよ」って言ったら、子供たちは顔を見合わせて「誰も反対しないよ」って。私は悲壮な覚悟をして言ったんだけど、あれは面白かったですね。

**✿卒業された学科の博士課程に入られたんですか？**

そうです。

**✿入学したときは、どうやって学科を選んだのですか？**

「理不尽な開発をなくす学問」はないかと東大に入ってから調べたんです。農学部農業生物学科に緑地学研究室というのがあったので、そこに入りました。卒業して不動産会社に就職しましたが、ニュータウン開発とかがすごかった時代で、私はものすごく大きな仕事を任され、設計事務所や現場の職人さ

んたちに発注者として指示しないといけない。現場のおじさんたちに、学校で教えてもらえなかったことをいろいろ教えてもらったりしながら、「自分はもっと勉強すべきだ」という思いが募り、二年後にハーバード大学デザイン大学院の修士課程に入りました。

## ✿入学試験に受かったんですね？

はい。会社に内緒で夜勉強しました。ただ、英語については中高の教育がとても良かったので、あまり苦労しませんでした。数学は簡単で、おそらく満点だったと思います。ランドスケープアーキテクチュア（景観設計）を専攻し、もちろん大変でしたけれど、満足いくまで勉強ができた。最高の教育を受けました。世界中に同級生がいます。

入学して半年後に出会ったのが、隣の研究所にいた夫です。東大の宇沢弘文㈢先生の弟子で、経済学部を卒業したら紛争で大学院に行けず、宇沢先生が推薦状を書いてくれてジョンズ・ホプキンス大学に行って三年間で博士号を取っちゃったんですよ。それですぐにハーバードの先生になっていました。純粋を絵にかいたような人で、三日目に結婚を決意し、三週間で婚約、三か月で結婚式をあげました。二十六歳でした。

夫が東大から呼び戻されたので、私はしばらくアメリカに残り、修士号を取ってから帰国しました。長女を身ごもっていたので、帰ったときは主婦をやるしかなかった。諦めの境地です。私の時代は赤ちゃんがいたら諦めるしかなかった。いまは、本当に良い時代になったと思います。

## 夫が倒れ、家族五人の生活がいきなり肩にかかってきた

**✿帰国後に東京ランドスケープ研究所というところでお仕事をされていましたよね?**

ここは恩師が顧問をしていた会社です。主婦をしながらでも、毎年一つぐらいならできると、帰国直後から細々と設計の仕事を始めました。だって、何もしなかったら、そのまま終わりですからね。私が働くことに夫の両親はものすごく反対だったと思います。いい顔なんてされませんでした。「嫁が子供をほったらかして働くなんてことは許されない」と思っていたと思います。

この時期に私が設計したのが、新宿御苑トンネルの整備に伴う樹林地保全と再生、お台場海浜公園などです。でも、設計事務所は日本の社会では、施主である自治体などの方針に従わなければなりませんから、自分がこうしたいと思ってもノーと言われたらおしまいです。自分のやりたいことをやるんだったら、自分が意思表示して受け入れられないとダメだと思って、大学院に行こうと思いました。

**✿それで先ほどのお子さんたちの話につながるわけですね。**

夫は「学者でやっていくなら論文をいっぱい書かないとダメだよ」とアドバイスしてくれて、学者に

(三) うざわ・ひろふみ(一九二八-二〇一四):専門は数理経済学。公害問題などにも積極的に取り組み、「人間重視の経済学」を追究した。

なることを応援してくれました。当時、四十二歳で大学院に入りたいなんていう人はいなくて、まず卒業した学科の教授に相談に行ったら「三年でちゃんと博士号を取るなら受け入れてやる」と言われました。農学部では私のような分野を学問的にやっている人が少ないので、博士号を出してもらいにくい。それなら、他の分野で認められれば農学部の先生もダメだと言えないだろうというのが私の戦略でした。三年間は都市計画学会、造園学会、土木学会の三つに毎年一本ずつ論文を出すことを目標にしました。一年を三つに分けて、四か月ごとに論文を仕上げていくことにして、必死で書きました。結局、三年間で十一本の論文を書いて、無事に博士号をいただけました。

それでも就職先はありませんでした。本を書いて賞をとれば、きっとどこかにひっかかるだろうと論文を集大成した本を出そうと思ったんですが、その前に夫が職場で心臓発作で倒れたんです。意識不明の状態が一年三か月続いて、一九九八年に五十一歳で亡くなりました。倒れたとき、私は工学院大学で特別専任というパートタイムの仕事をし始めたばかり。収入は微々たるものでした。なのに、子供三人と夫の両親と合わせて五人の生活がいきなり私の肩にかかってきたんですよ。

## ✿「働くのは許さない」などと言っていられない状況になった。

そうです。幸い、慶應義塾大学の湘南藤沢にある環境情報学部が教授として呼んでくださいました。慶應の先生になってから、義父の対応が変わりました。それまでは「嫁」だったのが、人権を回復した感じ。義父も学者で、「学問をしたい」という私の思いをわかってくださり、その一点でつながりができたんだと思います。その後はとてもいい関係になりました。両親は九十二歳と九十四歳で天寿を全うし、私はちゃんとお見送りしたので、心は安らかです。

## 科学的な調査をがっちりやってデザインする

**✿二〇〇七年から東大の工学部都市工学科の教授になられた。**

農学部ではなく工学部から、私がやっていることは面白いっていうんで、「環境デザイン」という講座を新たに作って呼んでいただきました。私のような者を呼んでくださった先生方に今でも感謝しています。最初は、私の代だけのつもりだったようです。いや、この分野は重要だから都市工学科の永久講座にしないといけないと思って、私は懸命に努力しました。設計競技（コンペ）では、内外で第一位を取り、毎年のように立派な賞をいただきました。岐阜県各務原市の「水とみどりの回廊計画」には日本都市計画学会計画設計賞（二〇〇七）と土木学会デザイン最優秀賞（二〇〇八）、同じく優秀賞（二〇一〇、二〇一二）をいただき、二〇〇八年には内閣府から私の仕事全体に対して「みどりの学術賞」を授与されました。おかげで、永久講座になりました。ですから私は環境デザイン講座の創設者です。論文を集大成した本『都市と緑地——新しい都市環境の構造に向けて』は、二〇〇一年に岩波書店から出しました。これは、日本都市計画学会論文賞をいただきました。

## ✿まちづくりや景観設計の実践活動も多いですね。

鎌倉市や川崎市など自治体の環境審議会や都市計画審議会の委員を数多く務めてきました。鎌倉では開発業者と戦い、川崎では緑地のカルテというのを作ってコツコツ小さな緑を守ってきました。二十年ぐらい奉仕しました。横浜は十年ぐらいかな。一番長いのが新宿区で、将軍家の鷹狩りの場だった「おとめ山公園」の再生は、地元の皆さんとの協働で武蔵野の自然を再生したコモンズです。新宿区という大都会で、蛍が群舞しています。

ただ「緑を守りましょう」と言ってもダメ。きちんと調査して、計画にしないと守れません。それはサイエンスなんです。何故、賞をいただけるのか、長い間わかりませんでしたが、私の場合はサイエンスの土台があるからだということに、最近、思い至りました。私の設計は、科学的な調査をがっちりやって、それに基づいてデザインするんですけど、デザインは設計者が勝手に描かないで、集まった市民の意見を聞いてみんなで考える。「私が決めない」のが私の原則です。設計者は、縁の下の力持ちに徹することが大事です。

最近取り組んだのが、東京の日本橋兜町のど真ん中にある坂本町公園という小さな公園のリニューアルです。ここは明治時代に東京府が「密集した市街地には新鮮な空気を提供する空地と緑が衛生上必要だ」と考えて、コレラ患者を収容した病院を取り壊して造った公園です。当時、兜町には渋沢栄一が第一国立銀行を建てて住んでいらしたのです。一八八二（明治一五）年に、神田でコレラが大流行し、妻のお千代さんを亡くされました。渋沢は東京市区改正審査会の委員をしており、率先して提案したことが議事録に残っています。坂本町公園は、その後、関東大震災、空襲で二度壊滅しています。今回、隣接する小学校の建て替えのため取り壊され、区の案ができていたのですが、町会の皆さんが「納得できない」と訪ねてこられた。それで、子供たちの意見を取り入れて、広い芝生と小川のある公園にしました。遊具を置くより、原っぱで友だちと一緒にトンボを追いかけるほうが子供たちも楽しいですよね、きっと。

神宮外苑の当初計画には、青山の入り口に子供の遊び場があったんですよ。あんまり注目されていませんが、一等地が子供の遊び場なんです。信濃町の入り口もその後子供の遊び場になりました。いまでも不思議な山があります。一番入りやすい一等地です。どれだけこの時代の人が子供を大事にしたかっていうことがわかります。今は駐車場とかになっていますけどね、あの場所を「子供に返して」って私は思うんです。

# 大学が女性に冷たかった時代を生き抜いた化学者の自負

物理化学

## 西川恵子さん

にしかわ・けいこ
1948年静岡県沼津市生まれ。東京大学理学部化学科卒、同大学院修士課程修了。1981年理学博士（東京大学）。学習院大学理学部助手、横浜国立大学教育学部助教授を経て1996〜2014年千葉大学大学院教授、2014年4月〜2018年8月日本学術振興会監事、2019年4月〜2023年3月公益財団法人豊田理化学研究所フェロー、2023年4月〜千葉大学グランドフェロー。2022年瑞宝中綬章、文化功労者。

千葉大学名誉教授の西川恵子さんは、「特殊な液体」の構造をオリジナリティに富んだ実験で明らかにし、二〇二二年度の文化功労者に選ばれた。東京大学の博士課程を三か月で飛び出し、学習院大学に助手として在籍すること十七年。横浜国立大学教育学部の助教授となり、さらに良い研究環境を求めて千葉大学大学院の教授になった。ポジションが上がるにつれ、当時の女性研究者の多くが体験した苦労を味わうことになった。

## 高校の先生の応援を受けて自宅浪人

**✲東京大学に入学したのが一九六八年、その翌年は大学紛争で東大入試がなくなったんですね。**

そうなんです。入学して二、三か月でストライキになって、ほとんど勉強せずにクラス討論に明け暮れていました。ちょっと姿が見えないと「あの人デモに行って捕まっちゃった」なんて言っていた。

**✲それでも進級できたのですか？**

レポートを出せと言われましたね。私たち、学生運動もやったけれど、勉強会もしていたんですよ。自分たちで量子力学の本を輪読し、それをよくわかっている人がまとめて連名のレポートにして、それでみんな単位をもらった。そんな時代でした。

**✿化学を選んだのはどうしてですか？**

高校のころは数学も物理も化学も好きでした。数学では食べられないなと思って、大学に入ってからは化学をやろうと思いましたね。そもそも、どうして理系なのか、という話をしてもいいですか？

**✿はい、どうぞ。**

父は電電公社（現在のＮＴＴ）のエンジニアだったんです。それで、教育のつもりだったのか、私が小学生のころに『科学大観』[一]っていう、今で言えば『ニュートン』みたいなイラストとか写真がいっぱい入った雑誌を毎月買ってくれたんです。それをパラパラっと見ていて、理系のことが好きになりました。

そのころ住んでいたのは静岡県三島市の箱根山の麓で、自然豊かなところ。自然の移ろいを見るのも好きでした。次に移り住んだ清水市の住まいは電電公社の社宅でした。お隣の同い年の女の子のお父さんも電電公社の技術者です。そのお父さんが「この目覚まし時計をあげるから、分解してみたら」と言うので、二人で分解して、ちゃんと元通りに組み立てたこともありました。

**✿へえ、すごい。機械いじりも得意だったんですね。**

周囲にそういう刺激があったということですね。高校はサッカーで有名な清水東高校に入りました。文武両道の高校で、毎年、何人か東大に合格していた。私はそんなつもりはなかったんですけれど、一年生のとき担任の先生に「この調子なら東大に行けるよ」と言われて、だんだんその気になった。ところが現役のときは落ちてしまった。

早稲田大学には合格したんですけど、家が貧しくて東京の私立大学に行くのは無理でした。ハッキリそう言われたわけではないですが、弟が二人いましたし、無理なことはわかっていた。地元の薬科大学にも受かって、ここは公立で、しかも自宅から通える。親はそこに行かせたいわけですよ。でも、私は行きたくなかった。

### ✿薬剤師なら就職にも困らないですしね。

ええ、でも私は嫌で、家出を覚悟で高校の担任に相談したら「応援するから」って。私は体があまり丈夫でなかったので、東京の予備校に行くのは体を壊すから絶対ダメと親に言われ、自宅浪人なら、とようやく認めてもらった。

応援してくれたのは英語の先生で、私は英語が一番苦手だったので、浪人中はずっとその先生が英語を見てくれました。数学の塾にも行きましたけど、いわゆる予備校には通わず、自宅で勉強して、翌年理Ⅰ（理科Ⅰ類＝工学部・理学部進学コース）に受かりました。

㈠　一九五七年から一九五九年にかけて世界文化社から刊行された子供向けの科学雑誌。全二十四冊＋別冊二冊。

## 博士課程を飛び出して学習院大の実験助手に

**✿それで化学科に進学して、そのまま大学院に進まれたんですね。**

無機合成化学が専門の佐佐木行美[二]先生の研究室に入りました。私は合成実験が好きで、合成は有機化学が主流なんですけど、あの臭いが嫌だったので、無機化学へ。佐佐木教授に「合成実験をしたい」と申し出たら、「女性にガスボンベを担がせられますか」と言われた。あのころは、窒素とかアルゴンなどのガスを流して、特殊条件下で新規化合物をつくる実験が主流だったんです。研究室は古い建物の二階にあって、先輩たちは本当にガスボンベを担いで階段を上っているんですよ。確かに私にはできないな、と思った。

佐佐木研にはちょうど単結晶をつくって構造解析をする新しい装置が入ったところでした。それを維持管理するのが助手になられたばかりの小林昭子[三]さん（のちに東大教授）の役目でした。私は小林さんに仕込まれて、この装置を使って構造解析をしました。

**✿結晶はどうしたんですか？**

大がかりな実験でなくてもできるようなものを自分たちでつくりました。それで卒業論文と修士論文を書いて、一応博士課程に入りましたけれど、「口があったら就職したい」と教授に言ったら、学習院大学の実験助手のポストを見つけてくださった。当時、こういうポストはほとんどが公募人事ではありませんでした。採用してくださったのはあと二年くらいで定年退官する先生で、二年後どうなるかわからないから男性だったら絶対行かないですよね。私は潜り込めれば後はなんとかなるだろうと、博士課程には三か月いただけで飛び出した。

学習院大には物理化学系の研究室は三つあり、とても仲が良かった。私がついた先生は、定年が近いということで村田好正[四]教授に「君が育てていいよ」と私を預けたんです。村田先生は「装置作りの神様」と言われていた方で、私はいきなり「旋盤をやるから見に来なさい」と言われて、旋盤やフライス盤の使い方を教わり、装置造りの技術を学びました。研究者の卵として育てていただけたのは運が良かったと思っています。

村田先生たちはこのころ、分子が集合した「凝集系」を調べようと研究会を作っており、そこに私も連れて行ってくださった。東大では、単分子一つをきれいに分析する研究が盛んだったんですが、それに飽き足らない人たちがこの「複雑凝集系の研究会」に集まってきた感じでした。私自身は、村田先生から示されたテーマの中から液体の研究をすることにして、論文がまとまったとき東大に提出して理学博士号をいただきました。

(二) ささき・ゆきよし（一九二八-二〇一六）：専門は無機・錯塩・放射化学。
(三) こばやし・あきこ（一九四三-）：専門は物性化学、構造化学、錯体合成化学。
(四) むらた・よしただ（一九三五-）：専門は表面物性。

**✿液体というのは、結晶と違って構造がないのでは？**

ええ、液体には規則構造がありません。でも、規則的ではないものの「構造」はあります。分子同士がどんな風に分布しているかは液体の種類によって違う。ちょっと専門的になりますけれど、その違いを通常は「動径分布関数」と呼ばれるもので表現します。これをX線を利用して求める装置と方法論を新たに開発して、一九八八年に結晶学会賞をいただきました。やがて、液体の中に無理やり構造を見出すのではなく、「乱れ」を「乱れ」として定量的に表現することはできないかと考え、「ゆらぎ」の研究につながり、私のライフワークとなりました。

## 就職した同級生と結婚、目白まで遠距離通勤

**✿博士課程を三か月で飛び出したからこそ、新しい研究テーマに出会えたわけですね。**

そうですね。学習院大時代は、本当に自由に、伸び伸びと研究を楽しみました。村田先生はしばらくして東大に移られたんですけど、私がそのまま学習院大にいられるように頼んでくださり、後任として北海道大学からいらした飯島孝夫[五]教授にお世話になって、結局十七年間、学習院大にいました。その間に結婚して、子供を一人産みました。

**✿結婚のお相手はどんな方ですか？**

東大佐佐木研の同級生です。彼は修士を終えて、化学会社に就職しました。もとから就職するつもりだったようで、「私が働くから、博士課程に行けば?」と言ってみたんですが、「いい」と言った。私が学習院大に行った三か月後に結婚しました。彼の職場は神奈川県の足柄にあって、民間会社のほうが朝早いからと新居は(神奈川県)厚木市に構えました。(東京都豊島区)目白の学習院までは一時間半ぐらいかかる。大変でしたよ。

学習院大に行って三年目に娘が生まれたんですが、おなかが大きくなると通勤が本当に大変で、三か月だけ東京にアパートを借りました。生まれたあとは、乳児を預かってくれる保育園もなかったので一年半ぐらい三島市の私の実家に預けました。土日は私が車を運転して厚木から三島に行く生活です。一歳になった四月から自宅近くの保育園に預けましたけど、子供にとってもストレスなんでしょう。しょっちゅう病気して、そのたびに母にきてもらった。実家の母には本当に世話になりました。

## ✿お子さんはお一人ですか?

ええ、これ以上はムリと思いました。職場の近くに住めたらもう少し違ったと思いますが、別居は夫が許してくれなかった。

子育てには苦労しましたけど、学習院大の方たちはよく理解してくださった。研究室コンパのとき子

(五) いいじま・たかお(一九三四-):専門は物理化学。

供を連れて行ったこともありましたよ。ただ、学習院大には助手からそのまま助教授に昇格できないというルールがあった。どこか別の大学でポストを探さないといけない。十数の大学に応募書類を出して、ようやく横浜国立大学の教育学部の助教授に採用していただけた。着任が一九九一年です。結晶学会賞をいただいたのが一九八八年ですから、それが効いたのだろうと思います。

ここにいるとき、「超臨界流体」という文部省（当時、現・文部科学省）の科学研究費（科研費）の重点領域研究が始まって、京都大学の教授から一緒に研究しませんかと声をかけていただいた。

## 大学に就職した女性が味わった「よくある話」

### ✿超臨界流体とは何ですか？

物質には、固体、液体、気体の三態がありますよね。温度と圧力をあげていくと、臨界点を超えた温度・圧力領域では気体とも液体とも違う流体になります。それを超臨界流体と呼びます。特徴は、液体と気体を混ぜたように分子が不均一に分布していること。分子同士の間に隙間がいっぱいある感じです。そして、その分子の塊と隙間は、非常に短い時間で生成消滅を繰り返しています。まさに「ゆらぎが大きい」状態です。

炭素材料というのも穴がいっぱいあって、吸着剤などに利用されていますよね。あるとき、「穴（隙間）がある」というところが共通しているからと炭素材料の研究者が誘ってくれて、共同研究を始めたんです。それが千葉大の教授でした。その先生が、千葉大が大学院を拡充してポストができたので、と私に声をかけてくださった。教育学部では十分な研究ができないため、教育学部ではないところに移りたいと思っていたところだったので喜んで応募し、採用が決まりました。しかし、反対が強かった。

**✿え、千葉大の中で、ですか？**

ええ、その当時は教育・研究組織の改革の真っ只中で、組織改革に無関心な先生方には、「新しくできた大学院担当の教員」である私は異質の存在だったようです。新しい組織を運営するシステムもまだ出来上がっていなかった。小さな実験室を一部屋だけ与えられましたけど、教授室はなかった。私や大学院生が研究する部屋が必要なので、空き部屋を使わせてくださいと事務官と交渉する毎日でした。それに、私は、学部には入れない状態でした。

**✿はい？ 大学院の教授だけれど、学部での教育はできないということですか？**

そうです。でも、大学ではよくある話で、大体の女性は何とかセンターの講師や助教授というような格好で入って、講座とか研究室を持たせてもらえないケースが多い。それに近い形になったわけです。当時、女性が大学で教員や研究者として職を得る場合、新しくできた組織や新規のポジションしかありません。大抵の場合、組織改革などで喧々諤々の議論をしているところなので、新任者を迎える準備ができていない。こうした意味でも女性研究者は苦労してきたと思います。

**✿それでも、千葉大で研究をスタートさせたんですよね？**

最初は横浜国大からついてきた大学院生と外部から入ってきた大学院生がいただけで、卒業研究生は二年間ゼロでした。二年後に「女性研究者に明るい未来をの会」から猿橋賞をいただいて、徐々に学部の講義を担当できるようになり、卒研生も受け入れられるようになりました。その後、アメリカで「イオン液体」というものが注目されているようなので、日本でも研究グループを作ってみようという話が出てきた。

## 「怪文書」でつぶされた大学人事

**✿イオン液体とは何ですか？**

陽イオンと陰イオンだけから構成される「塩《えん》」で、常温常圧で液体になっているものです。

**✿「塩《えん》」って、まさに「お塩《しお》」のように普通は固体ですよね。**

ええ、そうなんですが、中には液体になるものがある。一九九〇年代に空気中で安定で摂氏一〇〇度以下で液体になる塩《えん》が合成され、それ以後「夢の新材料」として大きな注目を集めました。私は、「液体科学の革命」と位置づけています。

私は調整型の人間なんです。自分について来いっていうリーダーシップが前面に出るタイプではない。

そうすると、錚々たるメンバーがいて、誰を立ててもケンカになるというような局面で「西川さん、代表をやって」となるんです。このときもそういう流れになって、私が「イオン液体の科学」という科研費特定研究領域の代表になりました。さらにイオン液体研究会というのをつくり、世話人代表にもなりました。二〇〇六年に分子科学会という学会をつくったときに初代会長になったのも、同じような流れです。

## ✡そうやって、学術の世界で実績を積み重ねてこられたから、文化功労者に選ばれたんですね。

正直に言って、同じくらいの学術的業績を持つ男性はたくさんいらっしゃると思いますよ。ただ、男性ではあまりやらないユニークなことをやってきた、という自負はあります。溶液や超臨界流体の構造を「ゆらぎ」の視点から研究する人はいなかった。私は「ゆらぎ」を測れる方法論をつくり、「ゆらぎ」を手掛かりに人が気付かない視点で研究を進めていきました。それに、ある時期までは女性ということで非常に差別されましたけれど、いまはいい意味で目立つようになったんだと思います。

これはあまり話すべきことではないかもしれませんが、千葉大から別の大学に移る話が出たことがあって、そこの大学の人事委員会を通って最後に学科の皆さんから承認を得る段階でダメになった。何があったかというと、反対運動をされた方がいました。たぶん、退官された先生の専門を受け継ぐような後任者を望んだのでしょうね。研究分野の少し異なる私の悪口を書いた封書を学科の皆さんに郵送したんです。

✿いわゆる怪文書ですか。

ええ。私に声をかけてくれた方が教えてくださった。ただ、自分の関係者や自身が最高と思っている専門分野の方に跡を継がせたいという話はどこでもありますよね。『白い巨塔』(六)の時代から変わらない。とはいえ、女性が講座や研究室を持つことの難しさを実感しました。私はたまたま神輿に乗せられて、そして引きずり降ろされたんですけど、それはもう私の責任でも何でもない。今となっては、反対運動をされた方の立場も理解できます。恨んでも仕方のないことです。

## 「夫にも娘にも本当に苦労をかけた」

✿そうですね。いま振り返って、一番苦労したことは何でしょうか?

なんでしょうね。やっぱり家庭との両立ですかね。夫にも娘にも本当に苦労をかけたなと思いますね。夫は六年前にがんで亡くなりました。娘は、小学生のころに「私は絶対に専業主婦になる」って言ったんです。やっぱり寂しい思いをしたんでしょうね。この一言が一番のショックでしたね。

✿それでお嬢さんは専業主婦になったのですか?

いいえ、働きながら子供を二人育てています(笑)。大きくなったら、わかってくれるようになった。でも、自分の母親のことを知られるのはすごく嫌がります。誰それの娘だって言われるのは嫌みたいですね。

### ✿わかる気がします。

私は大御所の先生に引っ張り上げられるというようなことはなかったんです。恩師の佐佐木先生にも「君には何もできなくて悪かったね」と言われました。でも、自分の大学外の多くの先生たちといろんな繋がりができて、そういう方たちにたくさん助けてもらった。それでここまで来られたのだと思います。

### ✿後輩の女性たちに贈る言葉はありますか？

今は非常に恵まれている方と、大変な方と、両方いますね。女性を応援してくれる動きにあんまり甘えないで、ちゃんと自分を見つめてくださいということですかね。

(六) 一九六三年から二年間、『サンデー毎日』に連載された山崎豊子氏の長編小説。大学医学部を舞台に医局制度の問題点や医学界の腐敗を鋭く追究した社会派小説で、一九六六年に映画化、一九七八年・二〇〇三年にはテレビドラマ化されるなど、何度も映像化されている。

# 高卒扱いでの就職から「かわいい工学」を創始するまで

感性工学

## 大倉典子さん

おおくら・みちこ
1953年大阪市生まれ。東京大学工学部計数工学科卒業、同大大学院工学系研究科修士課程修了、1979年〜1984年日立製作所中央研究所、1984年9月〜1985年9月日立超LSIエンジニアリング、1987年〜1999年株式会社ダイナックス。1995年東京大学大学院工学系研究科先端学際工学専攻博士課程修了、博士（工学）。1999年芝浦工業大学工学部教授、2019年同名誉教授、中央大学客員教授。2024年4月より中央大学機構教授。

芝浦工業大学名誉教授の大倉典子さんは、世界で初めて「かわいい」を研究対象にとり上げた工学者である。東京大学の修士課程を修了して日立製作所の研究所に就職したのは、男女雇用機会均等法ができる前。「大卒女子」の募集はなく、給料は高卒扱いだった。子供の預け先が見つからずやむなく五年で退職、紆余曲折を経て芝浦工大教授になったのは四十五歳のとき。感性工学者として確かな歩みを始めたのは五十歳を過ぎてからだった。

## 大学で工学を学んだときは「女性」を消してきた

**✿「かわいい工学」とは何でしょうか?**

二十一世紀に入って日本の「かわいい」が世界中に広まりました。「kawaii」がそのまま英語になっている。日本生まれのゲームやアニメが世界に広まっているのも、キャラクターのかわいさが大きな要因ですよね。

私は、心拍や脳波などの生体信号を使って人間の感情を推定する研究をしていました。その手法を使い、人工物を「かわいい」と感じるのはどういう形や色や素材でつくったときなのかを系統的に調べ始めた。二〇〇七年から約十年間の研究成果を『「かわいい」工学』(朝倉書店)という本にまとめました。

**✿「かわいい」と「工学」って意外性のある組み合わせで、だから印象に残りますね。**

私、五十歳の誕生日に、これからは社会に役立つこと、とくに女性に役立つ研究をしようと思ったんです。看護師さんや薬剤師さんは女性が多いですけれど、医薬品や医療機器には女性にとって使いにくいものもいっぱいある。たとえば医薬品のパッケージが男性なら簡単に開けられるけど女性にとっては固くて開けにくいとか、そういうのをもっと使いやすくする研究をしようと思った。と同時に、女性の感性に価値があることを認めてもらおうっていうことで、「かわいい」を研究しようと思ったんです。

工学は、理系の中でもとくに女性が少ない。私がコンピューターの勉強をしようと進学した東大工学部計数工学科では、百人中女子は私一人。大学院に進んだら、計数工学専門課程ができて以来二人目の女性だった。それで、なるべく女性っぽくないようにというか、周りに合わせて女性を消すようにした。高校まではそうじゃなかったですけど、大学に入ってからはずーっと女性であることを消してきた。企業に入ってからもそうです。研究活動はずっとそういう状態で、研究に対する価値観とかいろんなことでなんか違和感があった。それが、日本感性工学会の先生と出会ってから変わった。

横断型基幹科学技術研究団体連合、略して横幹連合ってご存じですか？

**✿いえ、知りません。**

二〇〇三年にできた団体で、二〇二三年には二十周年の記念式典が開かれました。タテに細分化されている科学技術に対して、「横」の軸が重要だということで四十ぐらいの学会が集まってつくった組織で、初代会長は元東大総長の吉川弘之㈠先生です。私は準備会合のときから参加して、縁の下の力持ちとしてすごくがんばった。「横幹連合の母」って言ってもいいと自分では思っているぐらいです。

## 「感性」の価値に目覚め、希望を持った

その準備会合のとき、日本感性工学会の男性の先生が「二十一世紀は女性の世紀だ。これからは経済的な価値観ではなく感性的な価値観で世の中は動いていくんだ。女性はそういう意味で時代を先取りしている」というようなことを言われた。それがピーンと来たんですね。私の価値観って時代を先取りしていたのかな、って。私が価値だと思うのに、みんなが思ってくれないのは、私が女性だからで、将来はみんなが同じように思ってくれるかもしれないと希望を持った。

日本感性工学会に入ったら、男女を問わず同じような価値観の人が多くいました。「感性こそ価値」みたいなね。それで肌に合ったんです。横幹連合も、いろんな知恵を結集して社会的課題を解決しないといけないというのが基本的な考え方で、今でいう「総合知」です。純粋に一つのことをやっていくのが研究者として偉い人、という従来の日本の価値観とは全然違う。だから、こちらもすごく肌に合った。なんか、急に私に未来が見えてきた。

(一) よしかわ・ひろゆき（一九三三–）：専門は精密工学、一般設計学。一九九七年から二〇〇三年まで日本学術会議会長。

**✿なるほど。それで、「かわいい」に取り組んだ。**

「かわいい」っていうのは日本ではB級グルメ的にとらえられますけど、世界ではもっと価値があるって認められている。日本がもっと自国発の「かわいい」という価値を正当に評価して、それで日本という国をもっと発展させていければいい。「かわいい」を愛でる人は戦争をしないと思うし、「かわいい」という感性価値が世界中にもっと広がれば、より良い世の中にできるんじゃないかなと思って、それで「かわいい」を軸に研究を始めよう、というようなことを五十歳過ぎてからいろいろ考えたわけです。

**✿そうすると、感性工学を専門とするようになったのは五十歳以降ですか?**

そうなりますね。芝浦工大の教授になったのが四十五歳のときで、それまでのキャリアとしては子育てしながらシステムエンジニア(SE)として仕事をしていた期間が長かった。私が大学四年生の年が国際婦人年(一九七五年)でした。公務員試験を受けて一次に通ったら、何人もの人から電話がかかってきて「ぜひ通商産業省(現・経済産業省)に来てくれ」って言われた。もし大学院の試験に受からなかったら、通産省に行っていたと思います。

## 医大に就職予定だったのがつぶれ、日立製作所に

**✿研究者を目指していたわけではないんですね。**

そうですね。私の父は証券会社のサラリーマンで、一九六〇年代に証券会社にコンピューターを入れることになったとき、米国に短期出張してＩＢＭの説明を聞いてきた。そうしたら途端に「これからはコンピューターだぞ！」って言い出した。

うちは父も母も大学を出ていません。だから、わが子が、ましてや女の子が東大受験するなんて思ってもいなくて、父は「優秀な秘書さんの出身女子大以外は受けることを許さない」なんて言っていた。母も親戚から「東大に行ったらお嫁にいけなくなる」と言われた。ただ、中学から東京教育大学（現・筑波大学）の附属に入り、周りのみんなが東大を目指していたので、私も理Ｉ（理科Ｉ類＝工学部・理学部進学コース）を受けたら合格した。

理学部数学科に行きたいと思っていたんですけど、大学に入ってから数学で落ちこぼれました。計数工学科はコンピューターをやっていると知り、父が言っていたことが頭にあって進学を決めた。たった一人の女子だった私の就職のことは、本人よりむしろ先生がたや事務室の皆さんが心配していろいろ動いてくださった。ＳＥになりたくないとわがままを言っていたので。

## ✿え、SEになりたくなかったんですか？

プログラミングが私より得意な人が周りに大勢いたので、プログラミングを職業にするのは嫌でした。大学院では生体信号を測る生体工学の研究をしました。医学と共通する分野なので、修士課程を修了したらある私立大学の医学部助手になると決まっていたんです。そうしたらいくつかの私立の医科大学や歯科大学が入学予定者に課していた多額の寄付金が社会問題になって、その結果、多くの私立大学で寄付金を返還することになり、その余波で私のポストがなくなってしまった。それが二月のことです。もう修論はできているし、留年もできないタイミングで、仕方がないので四月から工学部の研究生になりました。

大学三年生のときに父が亡くなり、それから奨学金をもらってきましたが、研究生は奨学金をもらえない。経済的にはピンチですよ。塾で数学を教えたり、コンピューター関係の仕事を請け負ったり、アルバイトに精を出しました。六月になって朝日新聞で「日立製作所で植物工場をつくっている」という記事を見た。面白そうだと指導教官に言ったら、その研究リーダーは指導教官と大学の同級生だった。紹介してもらって日立の中央研究所（中研）に遊びに行ったら、翌日「合格したから」と言われた。要するに翌年に採用されることが決まったということです。当時、女性の大卒は募集していなかったので十月に高卒用の試験を受けました。大学入試よりずっと簡単だった。こうして四月から中研で植物工場の研究を始めました。仕事は面白かった。でも三か月たったら、お給料が下がったんです。

### ✿え、どういうことですか?

大卒男子は上がったのに、私は下がった。おかしいと思って組合に相談に行ったら、三か月は試用期間で大卒男女は同一の給料だけど、七月からは男性は大卒の給料、女性は高卒の給料になる。高卒でも男性は年々上がるけれど、女性は五年目ぐらいで上がらなくなる。私は高卒の入社七年目と同じ扱いになるからこの金額で間違っていません、と言われた。

**✿ええ～!**

組合にはがっかりしました。給料が下がったという事実に目を向けてくれないんですから。でも、組合がそう言うならどうしようもないですよね。

## 子供の預け先が見つからず、無念の退職

**✿就職する前に、お給料についての説明は聞かなかったのですか?**

初任給は男女同一賃金だと言われました。でもそれが最初の三か月だけだとは気づきませんでした。

**✿いや、それはあまりに不誠実な説明ですね。**

就職して一年後に大学時代に付き合っていた人と結婚しました。彼は、私が大学二年生のときにプログラミングを教えてくれた同級生で、日立の中研に先に就職していたんです。就職四年目に妊娠しました。私は仕事を続けるつもりだったし、上司も理解があった。保育園は遠かったんですが、近くに良いベビーシッターさんがいたので、その人に預ければいいと思っていた。無事に出産し、病院から「よろしくお願いします」と公衆電話でシッターさんに伝えたら、「家の都合でやめることになった」と。あ

わてて八王子市役所（東京）に相談しましたけど、預け先が見つからず、四月初めに退職しました。

退職する前に人事に相談に行ったんです。日立には、出産退職して子供が二歳になったら復帰できるという制度があったので、これを使いたいと。そうしたら「制度はあるけど使った人はいません」と言う。「私が第一号になります」と言ったら「第一号をつくりたくありません」。

## ✿いやはや、ひどい対応……。

でも、ある日立の子会社に嘱託という制度があったので、その年の九月にそこに入り、週に二日出勤で、それ以外は在宅勤務という形で働くことにしました。出勤日には母に家に来てもらった。勤務先は、以前と変わらない日立中研です。

## ✿植物工場の研究を続けたんですか？

いや、私が配属されたのは、コンピューターで扱う文字を拡大しても縮小してもきれいに見えるようにするという研究チームです。「スケーラブルフォント」っていうんですけど、そのアルゴリズムを研究した。そうしたら、二人目ができました。嘱託は産休をもらえなかったので、翌年九月に退職した。コンピューター産業では何年もブランクがあったら復帰できないと思っていたら、以前にアルバイトしていた塾の数学の責任者が勤める「ダイナックス」というコンピューターソフトのベンチャー企業に一年半後に入ることができました。

**✿そこではどんなお仕事を？**

モーター制御のプログラミングや、大学受験塾向けの物理や化学のCG教材づくりをしました。いろんな仕事を任されたので、やりがいはありました。従業員二十人ぐらいの小さな会社で、とても柔軟で、会社に行って仕事をする時間もフレキシブル。だから、小学校のPTAの会合は全部出たし、PTA役員もやった。子供が五年生の二月から一年間は午後三時になったら家に帰って弁当を作って子供を塾に送り出していた。六年生の一月末から受験が始まるじゃないですか。その一か月は仕事を休みました。だから子供の受験期間は、子育てがメインで、会社は二の次、みたいな感じでした。

## 夫が博士号を取ったから、私も取りたい

**✿そのころに東大の博士課程に入ったんですよね？**

そうそう、子供の中学受験の前です。大学院を受けるときは推薦書がいるんです。それをダイナックスの社長に書いてもらった。でも「仕事」と「学生」と「母」の三足のワラジをはくのは無理だと思ったから、受かったら休職させてくださいってお願いした。

**✿へ～、それを承知して推薦書を書いてくれたんですか。**

わかったよ、という感じ。同じ計数工学科の先輩にあたる人です。夫がアメリカ勤務になったときも

一年ちょっと休職させてもらいました。

一九九二年に、東大の先端科学技術研究センター（先端研）が新しい専攻を作って社会人博士を募集するという新聞記事が出たんです。「これだ！」と思いました。だって、その年から三年間なら、上の子は三、四、五年生で、下の子はちょうど小学校に入学するので、最初の一年間は二人とも学童（保育）です。学童なら保育園と違ってお迎えがいらない。二人とも勝手に帰ってくる。そして上の子が六年生になる前に終えられる。このタイミングしかない、って思った。

### ✲どうして博士課程に行こうと思ったんですか？

主人が論文博士を取ったんですよ。私が子育てしながらSEとして働いていたときに。私だって取るはずだったのにってすごいショックでした。だから、「博士号を取りたい」がファースト。何の研究をしたいというのは明確ではなかった。ただ私は卒論も修論もヒトの聴覚と機械についての研究をしていたので、結局、バーチャルリアリティの研究を先導した舘暲[1]先生のところで人間の聴覚特性をバーチャル空間で調べる研究をやることに決まった。でも、夕方五時には大学を出て、家で晩御飯を作らないといけない。夫は「昭和の人」で、家のことはすべて私に任せていましたから。ほかの大学院生と比べたら、半分くらいの時間しか研究していないので「パートタイムスチューデント」って自称していました。

三年目の夏ごろに「今年度中に博士号とるんだよね」って先生に念を押されて、だって翌年には子供のお受験が待っているから、最後の半年はすごい一生懸命がんばった。十二月には論文を出して、無事に博士号をいただけました。それでダイナックスに復職し、長男の中学受験の最終段階に突入したわけです。

### ✿結果はどうだったのですか？

二人とも私立の中高一貫校に受かりました。それで、次は自分のことを考えようとなった。実は、博士を取ったとき、卒論と修論の指導教官で、博士論文審査の副査もしてくださった先生にお礼に行ったら「これからどうするの？」って聞かれたんです。「別に、ダイナックスに戻るだけです」って答えたら、「え！」って驚かれて。「大倉さんにとって博士号って何なの？」と聞かれ、「お茶やお花のライセンスと同じなの？　もうちょっと生かすことを考えたら？」と言われた。

確かにそうだなと思って、お受験をクリアしてから就職活動を始めました。私はもともと塾の先生になりたいと思っていたんですけど、大学の先生もいいかも、と思った。でも、論文が少ない。それでもとにかくいっぱい応募して、いっぱい落ちました。そうしたら、芝浦工大が新しく情報工学科をつくりたいということで二人募集していた。二人だったら目があるかもって応募して、面接を受けたら、翌日、採用の連絡があって教授だっていうんでびっくりしました。後から聞いたら、情報工学科だからプログ

(二) たち・すすむ（一九四六－）：専門はロボット、テレイグジスタンス、触原色、身体性メディアなどの研究。

ラミングを教えてほしいわけですよ。でも、SEの人はふつう博士号を持っていない。私は博士号を持っていて、しかもSEとして長く働いていたからプログラミングを教えられる。だからベストマッチだったんですね。

## 教授会は「親の世代の会議に迷い込んだ感じ」

入ったときは工業経営学科で、これを情報工学科に衣替えする方針で、徐々に情報系の先生を増やしてきたんですけど、反対する先生も多いという状況でした。とくに「情報工学科」という名前に対しては多くの学科が反対していた。工学部の教授会で私が発言すると、女性の発言ということで反発を食らうだけだから、大倉先生は絶対発言しないでくださいって言われた。

**✿え〜、それはひどいですね。女性の先生は何人いたんですか？**

工学部全体で三人だったかな。男性は百何十人いた。とにかく私は教授会で発言せず、でも、根回しとか、そういう裏ではがんばりましたよ。私ね、教授会で話を聞いていて、なんか自分の親の世代の会議に迷い込んじゃったみたいだと思った。一世代前の、「女性は一人前の人ではない」という感覚です。それでも、二年後に情報工学科ができました。そうすると、女性が主任のほうがパンフレットを作るときも映えるからとか言われて、私がいきなり学科主任をやらされた。

**✿情報工学科ができたのは二〇〇一年ですね。**

ええ、その年は工業経営学科の学科主任が継続されて、私は翌年、「情報工学科学科主任」の辞令をもらった。すでに皆に根回しされていて、断る可能性はゼロでした。ちょうどそのとき更年期になっちゃって、結構大変でしたね。二年の任期が終わったときはホッとしました。

## 全米科学財団の研究費で「かわいい」研究を続ける

**✿主任の任期は二〇〇四年三月まで。冒頭のお話に出てきた五十歳の誕生日を迎えて間もないころです。そのころから、自分のやりたい研究をやれるようになった。**

「工学部の女性教員として、女性のために自分のやるべき研究を自覚してやるようになった」という言い方のほうが適切かもしれません(笑)。そして定年を迎え、その後に、アメリカの共同研究者が全米科学財団(NSF)に申請していた「かわいい」の研究プロジェクトが通ったんです。日本側の研究代表者は現役の先生にお願いしましたけど、私もチームの一員として研究を続けています。

私が「かわいい」の研究を始める前は、そもそも「かわいい形」とか「かわいい色」といったものが存在するのか疑問視する人もいたんですが、形や色を見せて「最もかわいいと思うものを選ぶ」という実験をしてみると、確かに「かわいい形」や「かわいい色」が存在するとわかった。形では「直線系より曲線系のほうがかわいい」し、色では「明度と彩度がある程度高く、色相は黄赤(橙)や黄緑がかわいい」。かわいくないのは、「明度と彩度の低い色（くすんだ色）」です。興味深いことに、他国における「かわいい色」の結果は日本人とは必ずしも一致しません。その理由を突き止めるのは、今後の課題です。

また、かわいいには「わくわく系」と「癒やし系」があって、「わくわく系」では心拍が上がりますが、「癒やし系」では心拍が下がることもある。こうした研究結果は、さまざまな工業製品やウェブサイトなどを「よりかわいく」するための指針を与えてくれることになります。実際、かわいくするとよく売れる。それはさまざまな商品で観察されています。

**✿確かに。考えてみると、ご当地キャラは「かわいい」のオンパレードですね。**

そうですね。人気の高いご当地キャラは、私が明らかにした「かわいい」の条件に合致する点が多いです。ハローキティやアニメのかわいいキャラクターたちは、外貨獲得に貢献しています。日本発の「かわいいアバター」や「かわいいロボット」、「かわいいパッケージの製品」が世界中に広がってほしいです。それが争いを世界から減らす力にもなると信じています。

# 週末は子供のスポーツ活動を全力支援、金属学者の心意気

金属学

## 梅津理恵さん

うめつ・りえ
1970年仙台市生まれ。奈良女子大学理学部物理学科卒、同大学院修士課程修了。2000年東北大学大学院工学研究科材料物性学専攻博士課程修了、博士（工学）。日本学術振興会特別研究員（ポスドク）などを経て2007年東北大学多元物質科学研究所助教。同大金属材料研究所で助教、准教授などを経て2020年から教授。2023年から副所長。

東北大学金属材料研究所（金研）副所長の梅津理恵教授は、スポーツウーマンだ。奈良女子大学物理学科在学中も「テニスばかりしていた」。修士を終えたとき就職に踏ん切りがつかず、臨床心理学の勉強を始めたら母のがんがわかった。郷里の仙台に戻り、母を見送ってから東北大学の博士課程へ。テニスが縁で、今は保育園事業を展開する夫と知り合い、三人の子に恵まれた。週末は子供たちのスポーツ活動を全力支援する、異色の研究者である。

## 由緒ある「日本女性科学者の会」の会長に

**✿「日本女性科学者の会」の会長に二〇二三年に就任されました。この会は、平塚らいてうさんや湯川秀樹博士らの支援のもとに一九五八年に設立された由緒ある団体ですね。**

任期は二年です。立候補しませんか、と言ってくださる方がいて、もっとキャリアを積んだ方がなるイメージを持っていたんですけど、立候補しました。会員三〇〇人弱のこぢんまりした会なので、会長といっても、事務かたの一員みたいな感じです。

**✿いつから会員に？**

この会が出す奨励賞があるんですが、応募するには会員であることが条件なんです。それで博士号をとって間もないころ会員になった。そのときは選に漏れたんですけど、日本金属学会や財団などから賞をいくつかいただいた後にまた応募したらいただけた。二〇一四年の第十九回です。女性同士の厳しい目でも評価されたとちょっと嬉しかったですね。

## ✿女性同士のほうが厳しいんですかね?

材料ってすごく女性が少ない分野で、しかも分野自体が地味なんですよ。医学系や生物系は華やかなイメージで女性も多いし、そういう分野と対抗できるのかしらって思っていましたね。賞をとってすぐ理事になり、会長になる前の二年間は広報担当理事として古めかしかったホームページを一新しました。若手専用のページも作った。若手会員を増やして、若手にとっても役に立つ活動をしていきたいと、会長としても思っています。

## ✿優れた女性研究者に贈られる「猿橋賞」を受賞したのは二〇一九年ですね。

実は、私、猿橋賞のことをよく知らなかったんですよ。学会の委員会か何かのときに先輩がたが「猿橋賞は誰にとっても喉から手が出るくらい欲しい賞だけど、なかなかもらえない」というような話をしていて、「そうなのか」と思った。だったら、私もそれに応募するのを目標にしようと思った。猿橋賞は五十歳未満が対象で、ふと気がつけばぎりぎりのタイミングになっていたので、自分としてはまだ基準に見合っていないような気がするけれど、応募書類を出しました。なんか、出したことすら忘れたころに受賞の知らせが来た。二〇一九年五月に贈呈式があって、翌年二月に教授に昇任しました。

✿俗にいう「猿橋効果」ですね。

はい、そうでしょうね。金研創立以来百三年で初めての女性教授だと聞きました。

✿そして二〇二三年には金研の副所長になった。ご専門の「ハーフメタル」って、説明が難しいですよね。「半分金属」というわけではない。

違います。磁石にくっつくような磁性体の中で、その電子の状態が半分は金属で半分は半導体的、という物質なんです。研究室にあるような装置で調べても、パッとすぐにはわからない。ちょっと専門的になりますけれど、電子には電荷のほかにスピンという性質もある。スピンには向きがあって、固体中の特定の電子の向きがそろっていると磁気モーメントというものを発生し、さらにその配列によって磁石（強磁性体）になったりする。スピンと電荷の両方をうまく操りたいというのが「スピントロニクス」という分野で、優れた電子部品を作りだすために盛んに研究されています。ハーフメタル型磁性体はどちらかの向きのスピンのみが電気的性質を担うことになるので、「スピンと電荷をうまく操る」のに大いに役立つはずで、私はとくに基礎的な性質を知るための実験に力を入れています。

## 女性が有利な仕事のほうがいいのかと模索

✿う〜ん、やっぱり理解するのは難しい。とにかく、優れた電子部品を作るための材料科学の最先端で、

**基礎的な研究に取り組んでおられるわけですね。最初から研究者を目指していたわけではないと聞きました。**

はい、私は物理が好きで地元の東北大に行きたかったんですが、受からなかったので奈良女子大の物理学科に行きました。修士を出て就職するつもりでしたけど、その割には就職活動をあまりしなくて、模索していたというか。親からは「博士課程に行ったら？」と優しい言葉をかけてもらったんですけど、就活がうまくいかないから博士課程に行くっていうのはちょっと違うな、と思って。同級生はどんどん就職が決まっていって、ちょっと焦りはありましたね。会社説明会に行くと、男子ばかりの中にだいたい女子が一人ポツンといる。そういうのを何回か経験して、突然、女性だからこそ得意な仕事、有利な仕事をしたほうがいいのかなと思い始めて、それで臨床心理学を勉強しようと奈良県立医科大学の研修生になった。ところが、一年たたないうちに母にがんが見つかった。五歳上の姉は看護師として働いていましたし、病状が深刻で先はもう短いと聞いて、居ても立ってもいられなくなって仙台に帰りました。母は五十六歳で発症して五十七歳で亡くなりました。

**✿お若かったですね……。**

ええ、私もその年に近づいてきました。母は十一月に亡くなって、さてどうしようと考えたとき、大学でまた勉強できたらいいなとふっと思ったんです。私は修士まで行くのが当然だと思っていたけれど、世の中を見れば修士まで出た人はそんなに多くない。もともと東北大に入りたかったわけだし、奈良女子大の恩師に相談したら「理学部より工学部のほうが向いているんじゃないか」とアドバイスをもらえた。

**✿修士課程ではどんな研究を？**

物質には、ある温度を境にガラッと構造を変えるものがある。それがなぜ起こるのかを研究しました。茨城県東海村の原子炉施設に行って中性子を使う実験をして。小さい大学の割には、すごくアカデミックなことをやらせてもらっていました。

東北大工学部の研究室をいくつか見学して、四月には間に合わなかったんですけど、十月に工学研究科の博士課程に編入しました。このときには、研究者になろうと覚悟を決めたというか、大学に残れるものなら残りたいと思っていましたね。どうすれば残れるのかのイメージは全くありませんでしたが。

## 女子高・女子大だから、何の偏見もなく物理を選べた

**✿物理が好きになったのは？**

高校からです。よくある話ですが、高校の物理の先生がすごく良かった。高校は県立の女子高で、当時、県立なのに男女別学にしている県がいくつかあって、宮城県がまさにそれだった。母校はいまはもう共学化されて、しかも中高一貫校に変わったんですけど。でも、理系の女子を増やすという意味で、

女子高・女子大は案外悪くないんですよ。女子高・女子大だと、何も気にしないで、何の偏見もなく好きな教科を自分の意思で決められる。あと、学校が「あなたたちは女性だけれど、当然、社会に出て先輩がたのように活躍するんですよ」と言ってくれる。これは共学ではなかなか言ってもらえないですよね。東北大の女子学生を見ていても、いっぱいいる男子の後をそーっとついていくような子が多いように思います。

## ✿女子大だとロールモデルになる立派な女性の先生が何人もいらっしゃいますしね。

そうですね。女の先生だけでなく、男の先生でも女子教育に理解がある。ただ、私自身はあまり勉強しない、不真面目な学生でした。中学からテニス部で、大学でも体育会のテニス部に入ってテニスばかりしていた。

## ✿へえ、どのくらい上手だったんですか？

え～と、バイトコーチをするぐらいですね。大学二年生から大学院卒業まで、近くにあったテニススクールでコーチをしていました。最初は習いにいったんですけど、コーチをやってと言われて。

主人と知り合ったのも、テニスが縁です。仙台でテニスの社会人サークルを立ち上げた人で、当時は医療機器を販売する会社の営業マンでした。一緒にテニスの合宿に行ったり、試合に出たり、ワイワイ週末を楽しく過ごしている社会人サークルなので、仕事は何をしているかはお互い興味もない。私は

「年を取った女子大生らしいよ」（笑）とかって言われてました。私、結婚相手はなんとな〜く「同業者はイヤだなあ」って思っていたんです（笑）。主人とテニスを通して仲良くなったので、卒業したら結婚と思っていたら、卒業前の夏ごろに妊娠しているのがわかった。博士論文の審査は十月、十二月、一月と三回あり、最初が一番大事な審査なんです。それが無事に終わってから指導教官に「妊娠しています」って打ち明けた。審査のたびにちょっとずつおなかが大きくなって（笑）、五月に出産しました。三月の学位授与式のとき隣に座ったのは女子留学生だったんですけど、びっくりされた（笑）。生まれたのは女の子で、その後、ほぼ二年半おきに女、男と産みました。

### ✿ポスドク（博士号取得後研究員）時代に三人産んじゃったわけですね。すごい。

## 転勤を命じられ、会社を辞めて保育園を始めた夫

考える間もなく、っていう感じですかね。姉のところも三人子どもがいるし、二人より三人いたほうがいいかなというのは夫婦で一致していました。私が一人目を産んだあと、主人は転勤を命じられて「だったら辞める」と同業他社に転職し、二人目を産んだあとにその会社でも東京転勤と言われて辞めた。東京へ行くのは栄転だと思うんですけど、彼の意思は固かった。もともと「営業は一生続ける仕事ではない」って言ってはいました。

うちは、両親とも愛媛県出身で、父は修士から東北大に来て金研に就職した研究者、母は私が生まれる前は小学校や中学校で英語の先生をしていて、公務員一家なんですが、主人のほうは北海道出身で、おじいちゃんはお酒をつくっていましたとか、いとこはプロゴルファーを目指していましたとか、絵描きさんがいますとか、歯医者でクリニック経営していますとか、なんか自分でことを起こすのを厭わない人たちなんです。それで、二つ目の会社を辞めたあと、保育園を始めました。

## ✲え、保育園!?

私も驚きましたけど、主人はコンサルタントからいろいろアドバイスも受けて、仕事として始めた。最初は個人事業主として街なかのビルの一角を借りて、やがて二か所の経営をするようになり、今から五年くらい前にＮＰＯ法人にして、三年前に社会福祉法人にしました。社会福祉法人になってから、思い切って九十人から百人規模の保育園を二つつくりました。

## ✲へえ、すごいですね。

最初は本当に休みなく働いていました。頼まれれば、夜でも休日でも子どもを預かって。だから、家事育児は今の言葉でいえば完全にワンオペだったんですけど、主人の保育園は割と近かったので、私が子どもを保育園に迎えにいった帰りに主人のところに寄って様子を見て、「先に家に帰って寝てるね」みたいな感じ。すごくがんばっているのはわかっていたし、かえって一家団結するっていうか。結局、自営だったので、しょっちゅう子どもを連れて出入りできましたから、私が一人で育児をしているという感じはなかったですね。

そばで見ていて、経営がだんだん良くなっていくのがわかるんです。ちょっと保育園の話になっちゃいますけど、保育園というのは親からの保育料だけではやっていけないんですよ。行政からの支援があって初めて成り立つ。だけど、支援を受けるには実績が必要だから、助成金を受けるために要る条件をそろえておいて、まず一年間実績を積む。そこで申請すると、一年ぐらいの審査期間を経て三年目ぐらいから助成金をもらえる。それがわかっていたので、最初の二年は耐え忍んでがんばった。私も夜遅い子の食事をちょっと作りにいくとか、土日はうちの子どもも連れていって一緒に散歩するとか、手伝いました。

**✿そんな忙しい生活をしていたころに、日本金属学会から論文賞をもらっているんですね。東北大の中の多元物質科学研究所に移ってからポンポンポンと賞を受けた。**

あ〜、いま思えば、指導教官によく指導していただきました。「論文数で負けるな」と言われて、学生のころから書くように仕向けられた。研究室全体がそういう雰囲気でした。

## 「さきがけ」に選ばれて自分のやりたい研究ができた

**✿金研に移ったのは二〇一〇年ですね。**

六年間のプロジェクトの専任研究員のような形で入りました。その間に、科学技術振興機構（JST）の「さきがけ研究者」になれたことで、自分のやりたい研究ができた。「さきがけ」というのは若い人に自由な発想で自由に研究させるという趣旨のプログラムで、研究総括が領域を定めてメンバーを選びます。私が採択された領域の総括は非常に有名なすごい先生で、チョー怖くて（笑）。すごい怒られるんです。「もっと自分の独自性を出せ」とか「もっと将来に向かったことに挑戦せい」とか。それで私は放射光（特殊な光を出す大型施設）実験をやろうと思った。いい試料をつくって、放射光実験を始めましたっていうところでさきがけの期間の三年は終わっちゃったんですけど、その後も実験を続けて、ある手法でハーフメタルの電子状態を直接観測するという世界初の成果を上げることができた。それに、上が厳しかったおかげで、さきがけのメンバーはすごく結束が固くなって仲良くなった（笑）。私は三期生でしたけど、二期生、一期生を含めて、いま思えばすごい人が集まっていた。その後、それぞれの分野を引っ張っているような人たちがたくさんいます。

**✿実験は、兵庫県にある大型放射光施設「スプリング8（SPring-8）」でやったんですね。東北大にも**

**最新の放射光施設「ナノテラス（Nano Terasu）」ができました。**

はい、ここで実験できるのがすごく楽しみです。ハーフメタルをはじめとする機能性材料が、なぜそういう性質を持ちえたのかの原理をそこで証明したいと思っています。

## 末っ子から「研究者っぽくない」と言われる

**✿いま、お子さんたちは？**

上の二人は看護師を目指しています。長く続けられる仕事がいいんじゃないと言ったら、手に職をと思ったらしくて。高校生男子は、とりあえずサッカー選手は諦めたみたいで（笑）。いまは「研究者になりたい」って言ってますね。何でって聞いたら、「一番身近に研究者っぽくない人がいる」って。

**✿え、どういうこと？**

研究者ってずっと一日中研究に向かっているかと思えば、うちのお母さんは全くそんなことはない、とか言って。私は赤ちゃん時代の子育てはそんなにがんばってないんですけど、子どもの部活や活動にはすごくかかわった。それこそテニスが好きなんで、子どものテニス部の練習場所を確保したり、コーチから合宿を企画してほしいと言われたら企画したり、送り迎えももちろんしますし、親の会をつくって運営するとか、自分で言うのもなんですけどがんばったんです。土日はすごく忙しかったですよ。子ども全員が今日試合とかね。主人とどっちが誰を送るか、迎えにいくか相談して。子どものテニスとサッカーの試合の大部分はビデオを撮ってますね。

**✿へええ。お嬢さんは二人ともテニス？**

そうです。息子はサッカーを結構がんばって県で招集されるぐらいにはなったんです。四歳から十八歳までずっとサッカーをしていて、出張のとき以外ほとんどの試合を主人と一緒に観にいっていました。私の父がそうだったんですよ。テニスで国体に出場するくらいのスポーツマンで、よく一緒にテニスやスキーに連れていってくれた。私のために練習場所を確保してくれたし、試合にはすべて来てくれたし。結局、親がしてくれたことを子どもにしただけです。

**✿息子さんはどういう分野の研究をしたいんですか？**

生命科学に興味があるって言っています。スポーツをやってきたから、どういう仕組みで細胞や筋肉が動いて結果的にパフォーマンスを上げられるのかとか、そういうのに興味があるらしい。

**✿保育園のほうの後継ぎは？**

それは誰も考えていないです。うちの主人は自分の代だけでいいっていってはっきり言っているし。旦那のほうの家系って、継ぐっていう発想がないいんじゃないかな。

✿ご自身は二〇二三年に副所長になり、このあともさらに重い役職が回ってきそうですね。

「副所長に」と所長から言われたときは驚いて、自分にはやれる気がしないし、そぐわないって思いましたけど、基本、仕事は断っちゃいけないんでね。まあ、自分が思ってもいなかった仕事もやらないと伸びないっていうか、成長しないっていうか。やるしかないですよね。

# データベースで新材料開発「研究と子育ては完全につながっている」

材料科学

## 桂　ゆかり さん

かつら・ゆかり
1980年東京都生まれ。東京大学大学院工学研究科応用化学専攻博士課程修了、博士（工学）。理化学研究所基幹研究所基礎科学特別研究員、東京大学大学院理学系研究科特任研究員などを経て、2015〜2020年東京大学大学院新領域創成科学研究科助教、2020年11月〜国立研究開発法人物質・材料研究機構（NIMS）主任研究員。

材料科学の論文からグラフを集めて実験データを抽出し、データベースを作るという構想を打ち出し、プロジェクトを動かしてきたのが茨城県つくば市にある物質・材料研究機構（NIMS）の桂ゆかりさんだ。メーカー研究者の夫とともに二人兄妹を育てる。「原理にたちかえって考えるのが大事というのは、研究も子育ても同じ」と、家事と料理の手抜き法も理詰めで考えて実践している。

## 「ど真ん中」の目的を実現させる方法を考え抜く

**✿「論文からグラフを集める」と聞くと簡単そうですが、論文は膨大にあり、実際に集めるのは大変そうです。**

材料科学とデータ科学を融合させた「マテリアルズインフォマティクス」を日本でも広めようというプロジェクト（「情報統合型物質・材料開発イニシアティブ」）がNIMSを拠点に始まったのが二〇一五年で、私はその初期メンバーになったんです。それまでは超電導物質や熱電材料[一]の研究をしてきました。当時は東京大学柏キャンパスにある新領域創成科学研究科の助教になったばかりで、そのままNIMSの招聘研究員も兼任し、そのとき初めてデータ科学やデータベースを勉強して、考え付いたのが「論文から実験データを集める」ということです。

**✿あらゆる論文の実験データが一か所にまとまっていたら研究者は助かりますね。**

はい、それができると新しいことが見えてくるはずだと思いました。まず共同研究に誘ったのが、日本熱電学会の仲間だった大阪大学博士課程二年の熊谷将也(二)さん。彼は高専で情報科学を学んでから大学に進学したので、ウェブ開発ができました。彼にデータ収集用のウェブシステムを作ってもらい、さらに熱電学会の研究者や学生さんを巻き込んで、熱電材料のデータベースを作っていきました。

データ収集は基本的に手作業です。グラフを正しく理解してデータを抽出するのは人間のほうが確実なんです。論文を読解してデータの説明を記入するところまでやります。これが自発的に進むように、作業にやりがいを感じてくれる人を集め、丁寧に設計された手順を示し、きちんとお給料も出す、といった仕組みを考えました。二〇一七年にはシステムの改善版ができて、より作業しやすくなりました。つくったデータベースは無償で公開しています。実験データは著作物（表現物）ではないので著作権的に問題はないんですが、大学や研究機関が出版社と結ぶ購読契約では論文の営利目的の利用が禁じられているので。そもそも、データベースの本当の目的は、世界の材料研究が効率化して、もっと良い材料を世の中に送り出せるようになることです。それが私にとっての「ど真ん中」の目的。論理的に追求した本質的な目的です。

どんな場面でも全部自分で考え抜いて、判断するようにしていれば、自分のことを否定する人が出て

(一) 熱を電気に、あるいは逆に電気を熱に変える材料のこと。

(二) くまがい・まさや（一九八九－）：専門は無機材料工学、マテリアルズインフォマティクス。現在、企業と大学の両方で研究を行っている。

きても、全然、心はぶれないです。

**✿否定する人がいたんですね。**

「こんなのは研究といえない」と私に言う人はいました。私から見れば、この研究の価値が理解できないんだな、と。だから、若い人たちには「こんなのは研究として認めてもらえないだろう、と思う研究テーマが新しい研究分野です」と伝えています。

**✿それはいいアドバイスですね。実際、これが研究として認められて、NIMSの主任研究員（任期なし）になった。**

## 三か所でポスドクをしてから女性枠の助教に

そういうことになります。東大工学部応用化学科を卒業して大学院で博士号を取ってから十一年あまりは任期付きのポストでした。最初にポスドク（博士取得後研究員）として行ったのは理化学研究所（埼玉県和光市）です。そこで熱電材料の研究をするようになり、よく知られている十二種類を選んで熱電特性の理論計算をして比較して発表したら、それまでこういう比較をした人がいなかったみたいで、熱電学会であたたかく受け入れていただきました。

理研は三年で終わり、次に東大の実験系のポスドクを二年やり、理論系のポスドクになって一年たったときに女性専用の助教の枠が取れたというお話をいただきました。私がそれまでやってきた材料を幅広く研究していて、前から行きたいと思っていた東大の研究室です。実験もやるし、理論もやるし、半々の感じも私がやってきたことと合っていました。

## ✿女性枠への抵抗みたいなものはなかったですか？

最初は少しありました。でも女性を増やすという目的で新しい助教ポストが追加されたことで、助教一人体制だった研究室が二人体制になったので、一人あたりの負担が減って良かったです。それに、自分が将来十分に成果を出せるか不安だった頃に、「いざとなれば女性枠も使えるだろうからなんとかなる」と思えたことで、研究職をやめることを全く検討せずに済みました。

## ✿ポスドクのときは不安が大きかったですか？

うーん、振り返ってみれば、それほどでもないかなと思います。二年や三年といった短い任期はマイナスに思われがちなんですけど、私は気兼ねなくいろんな研究室を体験できる機会としてすごく楽しみました。理論系の研究室は難しくて怖そうだなと思っていたんですが、任期が切れるときに応募してみたら受かりました。入ってみると、意外とのんびりしていて、実験データと理論が合わないと「実験データが正しい」と思っている。実験系にいた私からすれば「実験データはそんなに信用できないよ」って言いたくなりました。やっぱり、違う文化のところに入ってみるって大事ですね。全然違う視点が生まれるので。

## 子育てのやり方もマニュアル通りでなく自分で考える

### ✿結婚されたのはいつですか？

ポスドク一年目です。彼は応用化学科の同級生で、メーカーに就職しました。一緒に学生実験をよくやったんですけど、私が失敗しても楽しそうに笑っていたので、私はへこまずに済みました。ケンカを買わないところがすごいんです。だから何でも楽しんでやっていけそうな人だなって思って。実際そうでした。楽しそうに家事と子育てをやっています。

平日は夫が子供たちの朝食の準備をします。夫は私がやり残した部屋の後片付けもして、土日は朝、昼、晩の食事を全部作り、少年団の手伝いをして、子供たちを明るく楽しませながら宿題や学校の準備を見てくれています。

私は研究者として、マニュアル通りではなく、うまくいくようにやり方を変えちゃうことが結構多いんですよね。だから、子育てもマニュアル通りでなく、目的を達成するやり方を自分で考えています。子育てには理想がたくさんあって、全て完璧にできればいいのですが、それは難しい。一番大事なのは子供の命を守るっていうところだと思うんです。本当に危ない時に危ないって理解してもらうには、そういう時だけ大人が怖く怒りだすのがわかりやすい。だから、小さいうちはなるべく怒らないようにしていました。

また、注意するときには正しい理由を言うのが大事だと思いました。たとえば、散歩していて、子供がよそのうちの植木の枝をプチっと折ったとしますよね。その時に大人が言いがちなのは「木が痛い痛いでしょ、かわいそうでしょ」みたいなことですが、これだと後で矛盾するんですよ。植木屋さんが登場したときに(笑)。だから正しい理由は、「このお家の木だから切っちゃだめだよ」で、それを一瞬で思いつくようにしないと。

**✿え〜、それは難しそう。**

はい、難しいです。でも研究者として申請書を書いたりプレゼンをしたりしていると、なんでこれはこうなのか、どうしたらいいのかっていうのを常に考えるので、一番正しそうな理由を判断するスピードは身についたような気がします。

**✿へえ、研究者であることが子育てに役立っていると。**

はい、完全につながっているように感じています。子供が四歳くらいになると「なんで、なんで」ってよく聞くと思うんですけど、そこで適当な理由を作ってごまかそうとしないで、なるべく科学的に嘘のないように教えるようにしたんです。そうしたら子供たちは、私の教えた法則を組み合わせて、教えていないことでも「なんで」って聞く前に勝手に理由を推測してくれるようになってました。

料理については、手作りが大事だという考え方もあるし、手料理も作っています。でも同時に、子供たちが自分でおいしい料理を作れるという自信を持つのも大事だと思い、簡単に作れておいしい料理を教えました。小一ではカレーライス。これは炊飯器の熱いご飯に冷たいレトルトカレーをかけるだけです。小二では冷凍パスタ。これで電子レンジの使い方をマスターできました。小三では冷凍おかずセット。小四ではひき肉を塩だけで炒めただけの料理。はじめは最小限の材料でシンプルに作らせて、他の物を入れたらもっとおいしくなるかも、って想像させてみることで、「じゃがいものみじん切りを入れてみよう」「固めてハンバーグにしよう」など、自分で考えて工夫しながら楽しく料理してくれるようになりました。

洗濯もどんどん手抜きになって、子供のパジャマは保育園時代にやめてしまったんです。パジャマを着る習慣も大事だと思うのですが、毎朝、「早く着替えて」とケンカするのはきつくて。ケンカのない生活を優先して、シワにならないスポーツウェア中心の生活にして、夜寝た時の服のままで保育園に行ってもらうようになりました。

職場に行くと、子育ての話をできる方がたくさんいて楽しいです。今は男性の研究者も楽しそうに子育てをしている人たちが多くて、女性じゃないと話が合わない、みたいなことはないですね。

**✿そのあたりはここ十年ぐらいの間にガラリと変わりましたね。**

はい、先人の方たちの努力のお陰だと思っています。

## オーストラリアで高校生活、英語に苦しみつつ理数を楽しむ

### ✿ご自身の子供時代はどんな風だったのですか？

宇宙のことが好きでした。といってもギリシャ神話には興味がなく、今思うと世界の全体構造が知りたかったんだと思います。小さいときは周りの大人から「おとなしい」とか「もっとお友達と遊んだほうが楽しいよ」とか言われたので、自分は人とうまく話せない人なんだと思っていました。

中学卒業後に父親の仕事の関係でオーストラリアのシドニーに行きました。オーストラリアの学校は二月が新学期で十一月に終わるので、四月に現地の中三に編入して、高三まで三年十か月過ごしました。親からは英語は三か月たったら自然にしゃべれるようになるなんて言われていたけど、全然そんなことはなかったです。結局、自分が覚えたものしか喋れるようにならないという当たり前のことに気づきました。

すぐに適応できたのが、数学でした。日本に比べたらとても簡単な問題だったので、最初のテストで学年一位を取ってしまいました。「今度の転校生はすごい」と噂になり、数学や理科が得意だということになって、友達からも先生たちからも頼ってもらえました。英語ができなくて世話されてばかりだった自分にとって、人から頼られることはとても大事で、数学や物理の授業をすごく楽しみました。

そのままオーストラリアの大学に行くこともできたんですが、やっぱり母国語でコミュニケーションしたいと思いました。現地の人はとても優しかったんですが、それは私の英語力が足りないからじゃないか、このまま深いドロドロした人間関係を知らないまま育ってしまって大丈夫だろうかって思いました。

**✿それで、帰国して東大の試験を受けたら合格した。**

## 得意とか不得意とかは環境次第

帰国子女枠で、何とかギリギリ通していただけた感じでした。理科Ⅰ類（工学部・理学部進学コース）だったのでクラスのほとんどは男子でしたが、気の合う人にたくさん出会えて楽しかったです。ただ、好きだった数学は、難しすぎて嫌いになりました。逆にオーストラリアでは英語が苦手だったのに、日本に来たら英語が得意な人として扱われたので、英語が好きになって得意になりました。得意とか不得意とかは、環境次第なのだとつくづく思いました。

**✿確かに。**

理系に進むと決めたきっかけは、高二の時のシドニー工科大学での職業体験です。五日間で五つの研究室を体験して、研究職って何でもありで面白いと思いました。東大に入ったら周りの学生の数学のレベルについていけず、学生実験も手順通りに要領よくできず、研究職は無理かもと思いました。でも研究室に入ってみると、自分で実験計画を考えて実験するのには向いていて、英語論文は早く読めるし、面白いプレゼンを作るコツもわかったので、研究職でもいけるかもと思うようになりました。

研究室は男子校のようなところで、人間関係では苦労しました。高校のときに経験できなかった分、人付き合いの本などを読んで勉強もして、一生懸命気を遣って楽しく盛り上げようと頑張ってました。最初はうまくいっていたのですが、途中からは思いもよらぬ誤解をされたり、自分の悪口が広まったりして……。

## ✿それは女性が少ないから？

いや、男女は関係なく、単純に人間関係が濃すぎただけだと思います。だから、すれ違いとか、いろいろ発生するんですよね。でもここで、期待通りのドロドロの人間関係を体験できたので、それは今もすごい糧になっています。

科学技術振興機構（ＪＳＴ）戦略的創造研究推進事業のチーム型プログラム「ＣＲＥＳＴ（クレスト）」の革新材料開発という研究領域で私たち五人の共同研究が二〇一九年に採択されたんですが、実はその前年にメンバーの一人が申請書を書いたら通らなかったんです。それで、私が、メンバー一人ひとりの能力を多く生かせるような研究テーマを考えたら、「それでいこう、桂さんが研究代表者で」ってなった。私が申請書を書き直して出したら通りました。人にどう思われるか気にしすぎていた頃の人間観察が、チームづくりのシミュレーションに利用できて、みんなが生き生きと研究できる仕組みを作れるようになった気がしています。

### ✿その共同研究はどういうものですか？

新しい無機材料を探索するという研究をデータ科学で効率化するという研究です。何千個もの試料を大量合成したり、新しい合成方法を使ったりして新規材料を見つけて、最終的に役に立つデバイスの開発を目指します。私たちが作ってきたデータベースの機械学習を取り入れたりして、材料科学の世界の全体像を眺めながら研究できるようにしたいと思っています。

### ✿データベースを使った新しい材料科学が生まれてきているわけですね。

はい、データベースも今は熱電材料がメインですが、ほかの材料科学分野にも広げて、最終的には材料科学全体の実験データを集めてみんなが研究に活用できるようにしたいと考えています。

# 世界を放浪して都市工学者になった シングルマザーの意欲満々

都市工学

## 小野　悠さん

おの・はるか
1983年岡山市生まれ。東京大学工学部卒、同大学院工学研究科都市工学専攻修了、博士（工学）。愛媛大学防災情報研究センター特定准教授などを経て2017年に豊橋技術科学大学大学院工学研究科講師、2022年1月から准教授。同年4月からは学長補佐も務める。日本学術会議連携会員（第26期若手アカデミー代表）。日本科学振興協会（JAAS）第1期代表理事。

豊橋技術科学大学（愛知県）准教授の小野悠さんの研究室ホームページを見ると、「学生時代にアフリカ、アジア、南米など約七十か国を旅し、博士課程在学中にナイロビのスラムで暮らす」と書いてある。「日本の科学を、もっと元気に！」を合言葉に科学者が集まり二〇二二年にできたＮＰＯ法人「日本科学振興協会（ＪＡＡＳ＝ジャース）」では、第一期代表理事となった。ハンパでないスケールの大きさを感じさせる若手研究者である。

## 「委員長やる？」と聞かれて「やろっか」

### ✿どういう研究をされているのでしょう？

対象にしているのは、インフォーマル市街地といって、法律や制度の外側で自然発生的に形成される都市です。こういうところは衛生環境や貧困などの課題を抱える一方で、日本の都市にはない魅力を見せるんです。住む人たちがどういう視点で空間を形成し、ルールを維持しているのかを調べることで、そうした魅力の要因を探り、今後の都市計画に生かしていけたらと考えています。調べるには現地に行って住民と信頼関係を築くことが不可欠で、アフリカやインドでフィールドワークをしつつ、一方で日本の地域づくりプロジェクトにも関わってきました。

アメリカの「ＡＡＡＳ（トリプル・エー・エス）＝アメリカ科学振興協会」(一)のような組織を日本でも作りたいという話が出てきたとき、私のこういう体験が役立つかなと思ったんです。準備委員会をつくるときに「委員長やる？」と聞かれて「やろっか」と答えてしまいました。
私は二〇一七年に豊橋技科大に着任し、そのころに日本学術会議の連携会員になって、この動きについて情報が入ってきた。東大で開かれた最初の集まりは参加できなかったんですが、コロナ禍になってオンライン会議が頻繁に開かれるようになり、こちらもコロナで時間ができたので、これには積極的に参加しました。日本版AAAS設立準備委員会の発足は二〇二一年二月でした。

**✿委員長を引き受けて、どうでした？**

大変でした（笑）。その当時、みんなで決めたことがいつの間にかなかったことになって誰かの意見が通っているみたいなことがよくあって、すごくもめた。それで、まず最低限のルール、何をもって決定とするのか、その決定事項を変えたいときはどうすればいいのか、といったことから決めていきました。集まっているのはいわゆる自然科学系の人ばかりで、こういう経験があまりない人が多かった。

**✿それで見事に任務を果たしたのは素晴らしい。準備委員会委員長からそのまま代表理事になって、でも一期だけで退いたんですね。**

かなり悩みました。代表理事は男女二人で務めることになっていて、女性でやってくれる人はあまり

(一) 一八四八年に創設された全分野の科学者が集う組織。雑誌『サイエンス』の発行母体でもある。

いないだろうと勝手に責任感みたいなものを感じていたんですけど、コロナが落ち着いてきて、海外出張も入ってくるだろうし、学術会議も忙しくなる時期で、とても無理かなあと思って。「何で立候補しないんですか、困ります」みたいなことは言われましたが……。

**✿なんだか、いつも自然体でいらっしゃる。**

私は計画しないタイプで、これまでの人生けっこう紆余曲折あったんです。父親は東大卒ですが、やっぱり紆余曲折あって。私は小さいころから父によく似てると言われていました。私、いまはバツイチのシングルマザーです。

**✿え！　いきなりそこに行かないで順番にお伺いしましょう。お生まれは？**

## 子供心に「変わった親だな」と思っていた

岡山市です。両親と二学年下の弟の四人家族で、母は県庁の総合職で定年まで勤めました。父は小児科医です。最初はロケットを作りたくて阪大を目指したらしいんですけど、一浪している間に社会に関心が出てきて東大の経済に進んだ。入ってみたら学生運動末期で、それに少し関わり、卒業後は岡山に戻って県庁に就職し、母に出会って私と弟が生まれた。それから、私が病弱だったこともあり、働きながら受験勉強して岡山大の医学部に入りました。私が保育園のころです。医者になってしばらくして開業し、今は全部後輩に譲って、趣味とかやりたかったことをやっています。

子供心に「変わった親だな」と思ってました。うちには車がなく、テレビもなかった。テレビがないことにしんどい思いはありました。劣等感というか。小学校では、みんなの話についていけない。SMAPも見たことなくて、なんか五人いるらしい、ぐらいしか知らない(笑)。両親に「何でテレビがないの?」って聞いたんですけど、「うちに必要ないから」って。

海外旅行には保育園のころからよく連れて行ってもらいました。どこだったかパッと出てきませんが、アジアの島に四、五回かな。中一のときにフィリピンに行ったのが家族での最後の海外旅行でした。それで小学生くらいから世界の貧困問題とか紛争とかに関心を持ち、図書館で「国連で働くには」とか「外交官の仕事とは」みたいな本を借りて読んでいました。そのうち、現場の状況と国際的に決まる政策とはかなりギャップがあるとわかってきて、自分の目で見て自分で判断できるようになりたいと思うようになった。

**✿それ、小学生のときに思ったんですか?**

そうですね。ちょっとませてたかもしれない。中二で一か月ぐらいオーストラリアにホームステイして、中三では中国の洛陽に一か月弱ホームステイしました。高一のときは高校のプログラムで英国に一か月行き、高二ではトルコに行きました。これはプログラムでも何でもなく、知り合いのつてでホームステイできるというので行ってみたらおばあちゃん三人暮らしの家で、同世代の子供もいないし、ここにずっといてもなあと思って一人でトルコを一周しました。お金がなかったので、宿代を浮かせるために夜行バスを乗り継いで、バスがないと町で出会った人に「すみません」みたいな感じで家に泊めてもらいました。

**✿えっ、トルコ語でしょ、そこ。**

トルコ語です。どうしてたのか。多分、通じてはいなかったと思うんですけど。そのうち自給自足の生活をしているようなところに行きたくなって、途中で出会った人がうちの親戚はそういうところに住んでるよと教えてくれたので、バスで行きました。あとあと調べると、トルコの一番東のクルド人エリアだったんじゃないかと思うんですけど、どうやって連絡をとって行ったのかもはやわからない。親にも一か月全然連絡してなかった。

**✿基本的に夏休みに行ったわけですよね。**

はい。終業式の前から宿題をやって、三日くらいで片付けて行ってました。

# 一浪して東大へ、受かったら目標喪失

## そうすると、クラブ活動はやらなかったの？

スポーツ少女だったんですけど、学校の部活は合わなかった。スポーツクラブで小学生のときは水泳、中学時代は硬式テニスをやっていました。高校に入るとき、Ｊリーグが盛り上がっていて、弟ともよくサッカーをやっていたので、男子サッカー部にちょっと入れてもらった。そうしたらすごく体力差っていうか体格差を痛感して、そのとき初めて女性と男性の違いを認識させられて、かなりショックな出来事でした。で、バスケ部に入りました。と同時に、中三ぐらいからマラソンにはまってて……。マラソンはもともと両親がやっていて、朝に一時間とか走り込んでそれから高校で朝練、また夕方練習みたいなことをしていたら、膝を壊しちゃって。整形外科に行ったら、どっちかにしなさいって言われて、バスケは高二ぐらいでやめました。

高校のときにもう一つやっていたのが料理です。母親は休日にはボルシチやピザなど当時としては家庭であまり出ない料理を作ってくれることもありました。でも、ファミリーレストランとかに行かない家だったから、オムライスとか明太子クリームパスタとかに憧れがあって、それを食べたいと思ったら自分で作るしかない。他にも、粉からパンを作ったり、お菓子を作ったり、麺を作ったりするのがすごく面白くて。それで、料理人になりたいと思って、調理師学校の入学資料を取り寄せて、どうしようか悩んでいた。そういう相談はよく父親にしていたんですけど、父は決して否定せず聞いてくれました。
結局、決断できずに高三の秋にひょんなことから東大に行こうと決心した。それから勉強しても一年目は普通に落ちました。それで東京の予備校へ。それまで勉強していなかった分、成績はどんどん伸びて、数学と物理が好きで理Ⅰ（理科Ⅰ類＝工学部・理学部進学コース）に入りました。ところが、受かってから目標がなくなってしまって総崩れしたというか、学部を卒業するのに七年かかっているんですよ。

## ジャズサークルをやり遂げて、世界を回る旅へ

いま考えると、かなり鬱っぽくなっていた。過食症だと思うんですけど、全然自分をコントロールできない状態で、体重も倍ぐらいになった。ただ、大学では部活をちゃんとやりたいと思って、ビッグバンドジャズのサークルに入りました。子供のころからピアノはやっていたんですけど、先輩に勧められてあまり人気のないトロンボーンをやることにしました。

**✿トロンボーンって難しいでしょう？**

そうなんです。後から失敗したと思った（笑）。でも、最初に「やめない」というのを目標にしたから、居座ったっていう感じで、三年目にはバンドマスターをやって。大学には来ていたし、孤立してい

たわけではないんですけど、授業にはあまり行かなかった。で、一年留年して、そのあと休学にしたのかな。サークルが三年目の十二月で終わりなんです。もともと大学に入ったらバックパッカーをやりたいってずっと思っていたので、サークルを引退したらすぐ旅に出ました。中国から入って、その後、アラビア半島に飛んでUAE、オマーン、イエメン、それからエジプトで高校時代の友達に会って、いったんイエメンに戻って現地で仲良くなった友人の結婚式に出た。そこから今度はアフリカに飛んでエチオピアとケニアを回って帰国しました。だいたい半年くらい。

### ✿お金はどうしたんですか？

アルバイトで稼ぎました。中東やアフリカはアジアと比べると物価も高いので、お金がすぐなくなる。なくなったら帰国して、またバイトして、お金をためて行く、というのを続けていました。

### ✿大学は全然ご無沙汰？

はい。家族には、もう辞めたいとか、やっぱり料理人になりたいとか話していました。

### ✿お父様は何と？

「今すぐ決めなくてもいいんじゃないか」みたいな感じ。それで、西アフリカのベナンという小さな国に行ったときに、大学に戻ろうと思う出来事があったんです。

# 恵まれた立場にあることを卑下していたのがフッと落ちた

## ✿どんなことが起きたんですか？

食堂を経営しているお店の空き部屋を借りて一か月くらい住んでいたんですけど、そこにいろんな国から若者たちが出稼ぎにきていた。日中ヒマなので、マンゴーの木の下でしゃべっていて、といっても言葉はあんまり通じないんですけど。そうしたら目の見えない方が付き添われて毎日同じ時間にやって来て、お金をくださいって言う。私は、開発経済の勉強も少ししていて、お金をあげるのは根本的な解決にならないと思って、断っていた。ところが出稼ぎで働いている子たちがお金をあげるんですよ。ムスリムなので、そういう文化がありますけど、自分のお昼ご飯を抜いてお金を渡す。貰った人は「ありがとう」って言って百メートルくらい先にある屋台でスープを一杯買って、それを飲んで帰っていく。毎日見ているうちに、私は何をやっているんだろうという気持ちになった。

現場で自分の目で見て、自分で判断できるようになりたい、とか、生活している人の目線でモノを見られるようになりたいという気持ちが強くて、自分が恵まれた立場にあることを少し卑下してきた。それが、そのときフッと落ちた。できることをやればいいとスッと思えた。これはうだうだやっている場合じゃない、と、大学に戻ろうと思ったんです。

### ✿都市工学を選んだ理由は？

最初は文化人類学とか、都市社会学も考えたんですけど、机の上で何かするんじゃなくて、自分が動いて何かものごとを動かしたい。それなら工学かな、と思って工学部都市工学科を選びました。

### ✿大学に入って何年目ですか？

進学したのは六年目ですね。国際都市計画・地域計画研究室というのがあったので、そこの先生に「アフリカの都市の研究をやりたいんですけど、できますか？」って言ったら、「お～、いいよいいよ」って。実はアフリカの都市の研究をする人は日本にほとんどいなくて、一方で東大には大型予算がついていて、一か月ぐらいアフリカに行かせてもらって卒論を書きました。それからずっとアフリカですね。夏休みに南米に行ったりしましたけど、修士論文はアフリカの中でも安全な国といわれていたザンビアに行って書き、博士論文はケニアの首都ナイロビのスラムに半年住んで書きました。

## 高校時代にトルコで会った人と結婚、そして離婚

実はナイロビには夫を、あ、元夫ですけど、を呼んで、彼はカメラマンなのでスタジオを開いたら、結構仕事がありました。日本に帰ってしばらくしたら妊娠がわかって、出産予定が五月だったので、四月から六月まで休学して、七月から息子を大学の保育園に入れて復学しました。

✿いつ結婚したのですか？

結婚のきっかけは東日本大震災ですね。修士一年の三月に地震が起きて、結婚しようか、みたいになった。最初に知り合ったのは、実は高校生のときのトルコ旅行です。

✿えーっ！

元旦那は、あのころ世界を長らく旅していた。トルコで出会って、住所交換してしばらく年賀状をやりとりしていたら、十年ぐらいして東京の代々木公園でみんなで花見をするからと誘われて。私は学部四年生で、このころになると私もちょっと落ち着いていて、意を決して行ったんです。

✿年齢は？

六つ上です。再会したときはプロのフリーカメラマンになっていた。付き合い始めたら、翌年三月に地震が起きて、十一月に婚姻届を出した。その翌年にバリ島でビラを借りて、うちの家族と向こうの親戚が一週間ぐらい滞在して、結婚式をしました。

✿彼のどこに惹かれたんですか？

食べる、飲むの趣味が合ったんですね。飲むのが楽しくて結婚した感じです。ところが、博士論文も最終局面というころ、元旦那のまわりでトラブルが発生して、私や息子も巻き込まれ、大学にも迷惑をかけ、ということがあって。次から次に驚くようなことが起きて、結局、二〇一六年四月に愛媛大学に行ってから離婚しました。

**✿それは大変でしたね。なぜ愛媛に？**

都内で保育園がなかったんですよ。もう地方に出るしかない、できれば大学に保育園があるところがいいなって思っていたときに、愛媛大の公募があった。身近に愛媛大出身の先生がいたので、相談してみたら、松山アーバンデザインセンターという公・民・学が連携して都市計画とかまちづくりをするところがあると教えてもらい、結局、愛媛大に所属しながらこのセンターの専任スタッフとして働くことになりました。センターの仕事は一〇〇パーセント実務だったので、センター長から研究者としてやりたいなら次のポジションを探したほうがいいと勧められ、最初に公募が出た豊橋技科大に応募して採用され、二〇二二年一月には准教授、四月には学長補佐になりました。

## やりたいことがたくさんあって膨らむ一方

**✿息子さんはおいくつに？**

もう小学生です。すごく頼もしい。私の母親が三年前に退職したので、私の出張のときは豊橋まで来てくれて、とても助けてもらっています。

### ✿ご自身はますます忙しくなりそうですね。

仕事のほうは、やりたいことがたくさんあって膨らむ一方です。都市は人類最高の発明だ、と言う人もいますが、これほど都市が巨大化したのはここ百年やそこらの話です。コロナのパンデミックでも明らかになったように、人びとが暮らす場として都市は途上にあります。人口の増加や減少にどう対応するか、自然といかに共生するか、誰もが身体的にも精神的にも健康に暮らすにはどうしたらよいかなど課題はたくさんあります。

ＪＡＡＳ（日本科学振興協会）などの活動を通じて多様な分野の研究者と出会い、異なる分野の研究者と都市をフィールドにコラボレーションすることに面白さと新たな研究の可能性を感じているところです。他の人にできないことをやりたい。私はためらわずにどんどん動いちゃうので、自分がこれからどうなるのか眺めていよう、という感じです。

# 4

# 医学
# 心理学ほか

自分の国に良いロールモデルが見つからなかったら、外国で探せばいい。そのためにも国際協力は大事です。

（二〇一九年のインタビューから）

カナダの首席科学顧問・モナ・ネメール

Mona Nemer　レバノン生まれのカナダの薬理学者。二〇一七年に首席科学顧問に任命され、二〇二〇年、二〇二三年と再任されている。

「命をかけてきた」元WHO統括官
熱帯病・フィラリアの撲滅に

国際公衆衛生

# 一盛和世さん

いちもり・かずよ
1951年東京都生まれ。玉川大学農学部卒、東京大学医科学研究所研究生を経て1977〜1979年青年海外協力隊員。1987年ロンドン大学衛生熱帯医学校修了、Ph.D. グアテマラ、ケニアなどで熱帯病対策に従事し、1992年世界保健機関（WHO）。2010〜13年「世界リンパ系フィラリア症制圧計画（GPELF）」責任統括官。2014年から長崎大学客員教授。オーストラリア・ジェームズクック大学客員フェロー。

西郷隆盛もかかったといわれる「リンパ系フィラリア症」という熱帯病がある。その制圧に「命をかけてきた」と言い切るのが一盛和世さんだ。日本では数十年前に制圧できた。だが、学生時代に見た患者の写真は衝撃的で、青年海外協力隊員として赴任したサモアでは現実に患者がいた。「なくせる病気なのに」という思いが募り、ロンドン大学衛生熱帯医学校へ。博士号を取ってから世界をめぐり、地球からフィラリアをなくす道筋をつけてきた。

## 「私の命をあげる」と虫に約束

**❤初めてお話を聞いたのは二〇一八年、私がまだ朝日新聞で働いていたときで、「ひと」欄の取材でした。二〇二二年に読売国際協力賞を受賞されたこと、誠におめでとうございます。**

ありがとうございます。副賞が結構大きな金額だったので、これをどうするか考えたんですね。私はフィラリア症をなくすことに命をかけてきた。フィラリアというのは細長い糸のような寄生虫で、人のリンパ節に入り込むと手足がグローブのようになってしまう「象皮病」を起こしたり、陰嚢や乳房をとてつもなく腫らしたりする。人はこれで死ぬことはないけれど、外見がひどく変わってしまう。人生が変わってしまうんです。

フィラリアが産んだ仔虫は血液の中を泳ぎ回り、その血を蚊が吸って別の人を刺すことで病気が広がる。だから、蚊の駆除やボウフラが発生しそうな環境をなくすことが予防法の一つですが、フィラリアの仔虫を殺す薬がある。残念ながら親虫を殺す薬はない。でも、蚊に刺される可能性のある人、つまり住民全員が毎年一回、五年続けて薬を飲むと、新たな病気の発生はなくなる。こうなれば、この地区ではフィラリア症の感染がなくなり制圧されたことになります。それを世界中の蔓延地域で展開するのが私のライフワークですが、いろいろ考えたら本当はやっちゃいけないことかもしれないんですよ。だって多様性が大事といわれている時代に一つの生物を地上からなくそうとしているわけだから。でも、私は人類側に立つ。人類の立場からしたら、こういう病気を起こすものは敵じゃないですか。だからたたかうと、腹をくくりました。誰に何と言われようが私は同胞を助ける。その代わり、私の命をあげるって思ったんです。

❤誰にあげるんですか?

虫に。フィラリアに。だから、あなたたちがいたことはどこかに残します。そう約束を、虫とは約束できないから自分で約束した。ちょっと青臭いですけど、私は本気でそう思っていました。で、その約束をいただいた副賞を使って果たした。

❤それがこの立派な英語の本ですね。日本語タイトルは『太平洋リンパ系フィラリア症制圧計画(PacELF=パックエルフ)論文集および一盛和世業績集——第29回読売国際協力賞受賞を記念して』です。

はい、三百冊作って、世界中の関係者にほぼ配り終えました。二〇二三年八月下旬から九月初めにはオーストラリアに行きました。あそこのジェームズクック大学には、ロンドン大学衛生熱帯医学校に留学したときからの友人パトリシア（・グレイブス）(一)が教授としているんです。私もそこの客員フェローですが、この大学とクイーンズランド大学が主催して、アジア太平洋地区のフィラリア関係の人たちが何百人も来る、WHOも関わる結構大きな会議をシドニーで開いたんです。その中で私の本の出版を記念するセレモニーを開いてくれた。初日の開会挨拶のときから「スペシャルゲスト、ドクター・イチモリ」っていう感じで紹介してくれて。それでブースに本を置いて配ったらみんな喜んでくれて、本当にありがたかった。

## 日本でも沖縄、九州、四国に患者がいた

日本ではこの病気のことも、制圧が進んでいることもほとんど知られていないんですけど、今回、読売新聞が光を当ててくれて良かったなと思っています。本のほかに、フィラリア症制圧を伝える金色の記念プレートも作って、十二月に太平洋の島国バヌアツに行ってプレゼントしてきました。私自身、バヌアツに六年間いましたし、私が始めたPacELFのプログラムで最初に制圧に成功した国の一つが

(一) Patricia M. Graves（一九五四－）：専門は疫学、寄生虫学、蚊媒介病対策。

バヌアツなんです。もうこの国にはフィラリア症はなくなっているので、若い人は知らないわけですよ。だから、若い人たちに知ってもらうためのプレートです。

実は沖縄県の宮古島には大きな「フィラリア防圧記念碑」がある。一九八八年に沖縄県での「根絶宣言」が出されたのを記念して建てられたもので、本当はああいう立派な石碑を贈りたいと思ったんですが、いろいろ調べてみると石碑を太平洋の島に建てるのは難しいとわかり、プレートにしました。

**❤沖縄の石碑が一九八八年に建てられたとなると、日本でもこの病気が一九八〇年代までは存在していたわけですね。**

実際には沖縄県では一九八〇年に対策が終わり、その後、再発生がないか慎重に見極めてから根絶宣言を出した。宮古島で対策が始まったのは一九六五年で、そのころには四国や九州にも患者がいて、対策が進められていました。

私が卒論のために東京大学医科学研究所に通うようになったのは大学三年（一九七二年）からですが、当時の医科研にはフィラリア症の第一人者の佐々学[二]先生がいらして、まさに日本からフィラリア症をなくそうと、それこそ「プロジェクトX」をやっていた時期だったんですよ。その佐々先生のお部屋に、フィラリア症で陰嚢水腫を起こした患者さんの写真が飾ってあった。自分の巨大な陰嚢に腰をおろしたような姿の写真で、私は衝撃を受けた。これがフィラリアとの出会いでした。

## 高校生のころに「路線を外した」

**♥大学は玉川大学を卒業されたんですよね？**

そうです。なんというか、私は、皆さんが目指すような「いい大学を出て、いい人と出会って、お子さんもいて、仕事も着々とステップアップして」という路線から外れている。そういう路線を高校生のころに自分の中ですっかり外したんですね、振り返ってみると。

子ども時代は恵まれた環境にいたと思います。東京の開業医の娘で、小学校のときは勉強が好きな、いい子だった。中学から千代田区一番町にある女子学院に入って、ちょっと横を向くようになったかな。当時はそんな意識はしていなかったけれど、その、いい大学を出ていい人に出会ってという路線は私は違うと思ったんです。

**♥何があったのですか？**

いや、学校自体はいいし、家族も仲がいいし、友達と別にケンカしたわけでもない（笑）。私の家は下町にあって、あのころは結構公害がひどかったんですよ。中三から高一にかけて、ぜん息と蕁麻疹が

(二) さっさ・まなぶ（一九一六-二〇〇六）：専門は寄生虫学、衛生動物学。

ひどかった。苦しくて、学校に一日いられない感じ。そこで「生きる」ということをすごく考えたんだと思うんです。「いのち」ということを。もともと小学校のときから生き物が好きでしたし。

それから「ほかの人とは違う、自分は自分」というのも認識した。友達は勉強しているけれど、私は勉強しないし、できない。疲れちゃうから。で、どんどん成績は落ちるんだけど、その成績すらどうでもよくなる感じ。「大した病気ではない」と言われるんだけど、自分としては大した病気で。一番多感な時期に、中途半端な病気だったのが影響したのかな。

高校生になって受験勉強が必要になっても、熱心でなかった。その路線に乗っかるのは、自分で嫌だっていうのもあったし、乗っかれないっていうのもあった。私が受験した年は、東大が入試をしなかった翌年で、一年待って東大を受験した人もいっぱいいて、最悪の年だった。私はそんな状況の中でいろいろあって、玉川大農学部に入ったんです。でも、それが良かった。大学に行ったら、空が青かったんですよ。

**❤玉川大は東京都下の町田市にありますからね。排ガス規制が甘かった時代の東京の下町とは空気が違ったでしょうね。**

あのころは東京中が曇っていたと思います。気分的にも。学生運動の余波で、何だかギスギスしていたし。玉川大のキャンパスは広くて、あそこで穏やかな人たちと接して。最近、「ウェルビーイング」という言葉をよく聞くようになりましたよね。私もＷＨＯに行ってから、これを目指すようになったんですけど、もしかしたら、あのとき玉川大で出合った、あの穏やかさっていうのが、ウェルビーイングなのかもしれないなあとちょっと思う。農学部なので、田植えとか、牛や豚の世話もするし、命を育てる仕事は純粋に楽しかったですね。

そこでミツバチに興味を持ち、三年生で昆虫学研究室に入りました。社会性昆虫というのはすごく面白いなと思ったんです。昆虫ですら社会を持っている。私は社会をミツバチから学んだ。でも、卒論のテーマは蚊にした。

## 蚊を研究し、熱帯病に関心を持ち、サモアへ行く

### ❤どうして、急に蚊に？

蚊は身近過ぎて、昆虫としてあまり捉えられていないなと。そのへんがひねくれているというか、まともなチョウチョやトンボに行かずに蚊に行った（笑）。

というか、研究室の先生が東大医科研の先生と知り合いで、医科研の先生から「蚊をテーマに卒論を書こうという学生はいませんか」と声がかかったんですよ。私の自宅からは東大のほうが近いということも考慮してもらえたのか、私を推薦してくれたんです。医科研では来る日も来る日もボウフラを数えて、無事に卒業論文を仕上げました。それで玉川大を卒業し、そのまま就職もせずに医科研の研究生になっちゃった。当時は就職っていう発想が全然なかったですね。

佐々先生は熱帯病の研究を国際的なスケールで進めておられて、私は熱帯病の研修を受けたりして、勉強させてもらっていた。ある日、ゼミにサモアに行っていた研究者が来て、サモアの話をしたんですよ。それが運命の分かれ目というか、私はぜひともサモアに行きたいと思ったんです。佐々先生に言っても「困ったなあ」という感じだったんですけど、青年海外協力隊というのがあると教えてくれました。で、あ、それで行こう、と思ったんです。そこから、親が……。

## ❤親がどうだったんですか？

大反対。大反対どころか、ほぼ勘当ですよ。私だって親だったらそう言っちゃう（笑）。サモアってどこ？　っていう感じですよね。そこで蚊を捕りに行く？　はあ？　ですよ。結果としては許してくれたんですけど、よく許してくれた。

ともかくサモアに丸二年行って、ＷＨＯのフィラリア・プロジェクトに青年海外協力隊のボランティアとして参加した。行ってみたら、熱帯というところは素晴らしく、あちこち採集に行って調べた蚊の生態もすごく面白かった。それに、サモアでは患者さんにも会うわけじゃないですか。その姿を見て、日本でこの病気をなくせたんだからここでもなくせるはずだと思った。そして、そういう仕事をしてみたい、と思うようになった。

それには本気で勉強しようと思ったんです。帰ってから。高校のときにはしなかった勉強をね（笑）。熱帯病を勉強するのに世界で一番のところというと、ロンドン大学衛生熱帯医学校です。奨学金を片っ端から調べて、親には意地でも頼らないぞと思って、奨学金をもらって行っちゃった。さすがに厳しく、試験も何回もあって、鍛えられました。

**♥修士課程から入ったんですか？**

いや、私はサモアから帰って玉川大の修士課程に籍を置いて、そこの課程を終えていたので、修士号は持っていたんです。修士号を取ってから、佐々先生のお手伝いをしてユスリカの研究をちょっとした。先生は東大を定年退官して帝京大学に移っていたので、私は帝京大に一年間いました。ユスリカも学問として面白かったんですけど、すぐロンドンに行ってしまった。博士（Ph.D.）のコースは、一年目の試験に落ちると先に進めないんですよ。そこでがんばって試験に通って、実験もして、博士号を取った。そこで自信がつきました。帰ってきてすぐ、離婚しました。

## 熱帯の国々で修業の日々を経てＷＨＯへ

**♥え、いつ結婚されたんですか？**

この話はあんまりしていないんですけど、ロンドンに行く半年ぐらい前です。生物好きが集まるサークルで出会った人でした。私はフィラリア対策っていう山に登りたいと思っている。彼は彼で別の山に登りたいと思っている。でも、クライマーとしては同じなんですよ。そこのところは意気投合していたわけ。話も合ったんです。だけど、登る山は決定的に違っていた。

夫婦っていうのは、同じ山を登るものなんだと思う。それは手を取り合って登るケースもあれば、一人がベースキャンプで頑張っているケースもある。だけど、ここを登りたいと思って見ている山は同じなんだなって思う。私みたいに前人未踏の山を登ろうとすると、どっちかが山を諦めないといけない。まあ、そこまで筋道立てて考えていたかは自分でもわからないけれど、向こうも同じようなことを感じていたようで、すんなり別れました。

博士号を取ってからは、修業の日々です。国際協力事業団（JICA、現・国際協力機構）の専門家としてグアテマラに行き、タンザニアでは都市マラリア対策に取り組み、日本学術振興会研究員としてケニアでツェツェバエ㈢の生態研究をしました。いろんな熱帯病の現場を見て経験を重ねていったら、一九九二年にWHOによばれた。赴任地はサモアです。さあ、来たぞ、っていう感じ。同じサモアに今度はWHOというモノが言えるニュートラルな立場で行けたのは大きくて、私も修業してきたから知識も経験もあるし、ちょうど人生として脂の乗っている時期だったのも幸いだった。それは運というのもありますよね。

サモアに最初に行ったときからうすうす考えていたことを「太平洋リンパ系フィラリア症制圧計画（PacELF）」という形にして企画し、バヌアツで六年勤務したあと二〇〇〇年にフィジーを拠点としてプログラムをスタートさせた。私がチームリーダーです。まさに「満を持して」っていう感じでしたね。

# 全世界の責任者を務めて定年、着々と進む制圧

**♥二〇〇六年には本部ジュネーブ（スイス）に異動になったんですね。**

はい、そこでは「顧みられない熱帯病（ＮＴＤ）部」に入り、二〇一〇年には「世界リンパ系フィラリア症制圧計画（ＧＰＥＬＦ）」の責任統括官になった。地球からフィラリアをなくすという頂上を目指し、作戦指針を策定し、計画を指揮する責任者です。

二〇一三年に定年を迎えて、日本に帰ってきました。もう体力的にも第一線でやる力はないから、記録を残すのが仕事だと考えていた。熱帯医学研究所がある長崎大学で客員教授になり、この研究所に事務局を置く「日本顧みられない熱帯病アライアンス（ＪＡＧｎｔｄ）」をつくり、二〇一九年には蚊への理解を深めるイベント「ぶ～ん蚊祭」を開催しました。さまざまな専門家から原稿を集めて『きっと誰かに教えたくなる蚊学入門——知って遊んで闘って』（緑書房）という本も作った。

本当は、私が持って帰った資料や文献を保管できる資料室みたいなものも長崎大につくりたいなと思ったんだけど、難しくて。ジェームズクック大に話を持っていったらすごく喜んでくれて、「うちで預かります」って、フィラリアのライブラリーを一部屋つくってくれた。一盛コレクションもその中に入

㈢　アフリカ・トリパノソーマ症（睡眠病）を引き起こす寄生虫を媒介する吸血性のハエ。主にアフリカ大陸のサハラ砂漠以南に生息。

って、全部デジタル化して、世界中からフィラリアに関する情報はそこに集めるみたいな形にして。

**❤お～、それは大事なことですね。**

そうなんですよ。人類の財産じゃないですか。ロンドン大で一緒に学んだパトリシアがいたからできたことですけど、なんで日本じゃないのかなとちょっと残念な気持ちはあります。でも、太平洋の蔓延国十六か国中、八か国でフィラリアはなくなりましたから。すごいでしょ？　世界でだってもう十九か国でなくなった。アフリカのトーゴ、マラウイだってなくなった。バングラデシュだってなくなるんだから。対策が終わってから制圧という認定が出るまでちょっと時間差があるんですけど、とにかくやればできるんですよ。世界中でみんなすごく一生懸命やっているのが本当に嬉しく、すばらしいことだと誇りに思います。

# 「多動」をパワーに大学を改革し、「司法面接」を広めた心理学者

法と心理学

## 仲 真紀子さん

なか・まきこ
1955年福岡市生まれ。小学校低学年のとき千葉県へ。お茶の水女子大学卒、同大学院修了、学術博士。同大大学院人間文化研究科助手から、千葉大学教育学部講師、助教授、東京都立大学人文学部助教授を経て、2003〜17年北海道大学大学院文学研究科教授、2017〜21年立命館大学総合心理学部教授、2021年〜同大OIC総合研究機構招聘研究教授、2022年〜理化学研究所理事。

仲真紀子さんは、虐待や事件の被害を受けた子供からなるべく負担にならないようにして証言を引き出す「司法面接」という手法を日本に広めてきた。二〇二二年から、日本を代表する研究機関である理化学研究所の理事を務める。科学技術基本法が科学技術・イノベーション基本法に改正され、「科学技術」に人文科学も含めるように国の方針が変わったことで「文系の私が呼ばれたんだと思う」。人懐っこい笑顔で忙しく動き回りながら、女性研究者を増やそうと旗を振る。

## 子供から事情聴取するときの「司法面接」

**❤司法面接とは、どういうものですか？**

簡単に言うと、被害にあった疑いのある子供から事情聴取をするときの面接手法です。子供自身の言葉で話してもらうこと、録音・録画すること、児童相談所の職員や警察官、検察官が連携して面接回数を最小限に抑えること、などの特徴があります。二〇一五年に厚生労働省、警察庁、最高検察庁から通達が出されて、三機関が連携しやすい環境が整い、全国で行われるようになりました。それを受けて、司法面接の録音・録画を裁判の証拠として扱えるように二〇二三年に法律も改正されました。

**❤ほお、社会にどんどん浸透してきているんですね。いつごろから取り組んでこられたんですか？**

一九九九年にアイルランドで「法と心理学」の国際学会があったんです。私は「いかに子供が誘導されやすいか」「記憶が変わってしまうか」という研究結果を報告した。そのときイギリスの研究者が「イギリスでも同じような問題があったけど、こうやっているよ」って司法面接のことを教えてくれた。これだ、って思って、まずはイギリスのガイドラインを翻訳しました。

国際学会に行ったのは千葉大学の助教授のときで、その前に弁護士さんから子供の供述の信用性について尋ねられたことがあったんです。それをきっかけに目撃研究に引き込まれ、東京都立大学に移ってからは「子供からどうやって話を聞けばいいか」という研究を進めました。北海道大学に移ったのが二〇〇三年です。北大は自由というか、新しいことに対して本当にオープンで、北大と児童相談所が契約を結んで年に三回ぐらい実務家が研修を受けるプログラムができたんです。

**❤へえ。それは素晴らしい取り組みでしたね。北大は公募ですか？**

はい、教授の公募が出たので応募したんです。着任してみると、比較的大きなプロジェクトが次から次に来た。それまでは年間五十万円から百万円ぐらいの科学研究費を取って個人研究をしていたんですが、北大に行ったらいきなり一千万円のプロジェクトに応募するから共同でやりましょうと言われた。

「私は多動なんです。でも、それで得したかも」

それは不採択になったんですが、その後、文部科学省の大学院改革関係のプログラムがあって、「その代表をやって」と言われて引き受けました。当時、人文系の博士号は一生かけて取るもので、大学院在学中に博士号を取る人は少なかった。それを理系と同じように博士課程の三年で学位を取れるようにしたいというのが文科省の意向でした。

**♥それはすごく大変そう。古いやり方に固執する人がいっぱいいたのではないですか?**

教授会のメンバーは百人ぐらいで女性はほんの二、三人だったんですよ。新しく来たばかりの仲さんはちょっと変わっているし、だからやってもらうか、みたいな感じだったかもしれないですね。私、いまの言葉で言えばハイパーアクティブ、多動なんです。子供のころは「おっちょこちょい」って言われていて、大人になって、自分の人生を振り返っても多動であるのは間違いないです。でも、ちょっと変わっているから得したかもしれませんね。なんか、みんな言うことを聞いてくれた。

**♥え~、本当ですか?**

はい。まあ、実際にはなかなかすぐには動かないですけれど、みんなで冊子を作って「私が思う学位の基準」みたいなものを書いてもらったり、イギリスやアメリカをはじめ海外から研究者を呼んできて三年で学位を取る、取らせる工夫を話してもらったり、こちらからも学生を海外に派遣したりして、何となく雰囲気を高めるっていうようなことをやりましたね。

❤それで文系も三年で博士号を取れるようになった。いやあ、大きな仕事をされましたね。

みんなで、だんだんとですね。過大評価しているかもしれない、自分の中で。ただ、この経験があったから、自分の専門の心理学の分野で大きなプロジェクトを動かせたんだと思います。二〇〇八年から三年間は科学技術振興機構（ＪＳＴ）社会技術研究開発センター（ＲＩＳＴＥＸ）の「犯罪から子供を守る 司法面接法の開発と訓練」の代表になり、二〇一一年からは文科省の「新学術領域研究」というプログラムの中で「法と人間科学」という領域を立ち上げ、代表になりました。五十人ぐらいの研究者がチームに分かれて研究を進めたんです。ＲＩＳＴＥＸではもう一度「多専門連携による司法面接の実施を促進する研修プログラムの開発と実装」というプロジェクトの代表を務めました。

## 理系だと思っていたけど、ちょっとひよって心理学に

❤まさに司法面接を日本に定着させるのに中心的な役割を果たしてこられたんですね。そもそも、どうして心理学の道へ？

私は鉄腕アトムで育った世代で、お茶の水博士にあこがれて高校生のときは理系だと思っていたんですが、ちょっとひよって心理学に行ったんですね。長い話になっちゃいますけど、高校のときアメリカに一年間留学する制度があって……。

❤AFS（国際教育交流を進める民間団体の一つ）ですか。

そうそう、それで一年アメリカに行って帰ってきたら数学を忘れてしまっていて（笑）。父は建築会社に勤める建築士で、私も建築みたいなことをやりたいなと思い、お茶の水女子大学には美学というのがあって、そこに行ったら建築物を美学的な観点から研究できそうだということで哲学科美学専攻に入りました。

これはオフレコかもしれませんけど、好きだった男の子が心理学をやっていて、恋心とあいまって心理学に関心を持ったんですよ。行動実験とかをするので、理科系っぽい部分もある。あ、こっちのほうが向いているかもと思って、一年生の終わりに哲学の先生に「関心が変わりました」って言ったら、二年生から心理学科に移らせてもらえた。でも、その男の子にはあっさりふられて、心理学だけが残ったみたいな（笑）。

❤へえ。

私は一人旅が好きで、それも心が落ち着いていないから、旅をして自分のことや将来のことを考えようとしていたんだと思うんです。あのころはユースホステルを利用して、そこで出会った若者どうしが何日か一緒に旅をしていました。そうやって知り合ったのが旦那です。

❤どんな方だったんですか？

私より三つ下で、私は高校で留学して学年が一年遅れているから、出会ったのは私が四年生にあがる春休み、彼は二年生にあがるときでしたね。筑波大学で生物を勉強していました。細胞膜とかシナプスとか。今はコンピューターを使った生物情報学が専門になっています。埼玉県出身で、筑波大の寮で生活していた。それで私が修士一年のときに結婚しちゃったんですよ。私は若いころ、妹のほうが親に可愛がられていていいなあと思ったり、なんか暗かったんです。今も陰キャ（「陰気なキャラクター」の略語。暗い性格）だと思うんですけど。

**❤え？　全然暗くないですよ。**

そうそう、そういう感じはしないですよね。でも、昔はもっと孤独で、何のために私はここにいるんだろう、とか思って、今から思うとせっつくようにして（笑）、結婚したんです。

**❤彼は何て言ったんですか？**

よくわかっていない学部生だったから（笑）、「わかった。じゃ、結婚しよう」って。私とはタイプが全然違って、堅いというか、精緻というか。私がフワッとしたことを言うと、それじゃ意味がわからない、もっと詳しく説明してくれないと、というようなことを言う。私が修士論文を書けた半分は議論の相手になってくれた彼のお陰です。とても感謝しています。最初に住んだのは、筑波大の夫婦向けの寮でした。

私が修士を終えたとき、お茶大の博士課程は人間文化研究科という科が一つだけで、私は文教育学部から進みましたけど、理学部からも家政学部からも来た。こぢんまりしたところで専門が違う人どうしでワイワイやっていたから、自分がやっていることが自然科学系と違うという意識はあんまりないんですよね。

博士課程の最後の年に妊娠し、助手になった年の十月に出産しました。女の子の双子だったんです。お茶大から歩いていけるところに住んで、子供たちは保育所に入れました。彼は修士を終えるとシンクタンクに就職しました。すごく忙しい職場で、帰りは毎日深夜。私はもうよく覚えていないくらい大変でした。でも、私がそう言うと「いやいや、俺だってミルクをあげた」とか言いますけどね。

## 周囲の反対を振り切ってアメリカ留学

**♥お茶大の助手は三年で終わったのですね。**

最初から三年と言われていました。それで、先輩たちと同様に就職活動をして、千葉大教育学部へ。教育心理学教室の講師になった。そこで三十五歳以下の研究者を対象にした在外研究プログラムにぎりぎりのタイミングで申請し、アメリカのデューク大学に十か月間、留学できました。子供を二人連れて行くと言ったら、夫からは「離婚を覚悟で行ってくれ」なんて言われてしまい、職場からは「今行ってもらっては困る」とも言われたんですが、行ってしまった。

行って本当に良かった。結局、夫も四回ぐらいアメリカに遊びに来ました。子供たちは幼稚園のあとはYMCAのアフタースクールのプログラムに行き、手続きも簡単で、私は存分に研究ができた。帰国してから英語の論文をアメリカの雑誌に出しました。それまで、日本の心理学は日本語の論文を日本の学会誌に出すのがメインだった。私にとっては英語論文を書くということ自体が新しいことでした。

## ♥どういう研究をされたのですか？

自然文脈の中での記憶です。実験室で何かをパッと見せて覚えているかといった研究ではなく、例えば漢字を覚えるには「書いて覚える」のがいいとよく言いますよね。それは本当に有用なのか、というようなことを調べた。

いつのまにか旦那は筑波大の元の指導教員のところに通い始め、仕事を続けながら論文博士を取りました。もともと研究者になりたいと言っていたんです。修士で就職したときは「あれ？　研究者にならないんだ」と意外に思ったんですが、あとから考えてみると「男性が稼がなければ」というような気持ちを持ってしまったのかもしれません。学位を取れたころには、短大の教員をしていました。ところが、その短大がやがて閉校となり、筑波大を定年退職した恩師とともに九州産業大学（福岡県福岡市）に行くことになった。私は都立大にいたときで、「え〜、行っちゃうの」と思いましたが、しょうがないっていう感じでした。それから二十年ぐらい別居です。

## 押しかけ女房っていうか、弱い立場にある

**♥お子さんたちは？**

小学校に入ったあと保育所仲間のお母さんたちと一緒に学童保育所をつくりました。でも、学童保育は三年生まで。そのころ私の父母が同じマンションに住むようになって、晩ごはんはおばあちゃんちで食べてねっていうようなことができるようになった。子供が小さいころはベビーシッターも雇ったし、近所の方にも助けていただいた。もう、ずっと綱渡りでした。高校は二人ともニュージーランドに留学したんです。子供のころ、私と一緒にアメリカに行ったことも影響したかもしれません。アメリカはお金が高いから無理だよと言っていたら、アメリカより安めで行けるということを自分たちで調べて。

**♥え、三年間、向こうの高校ですか？**

そうです。

**♥たくましいですね。**

親がこんなんだから、お母さんお父さんには任せられないと思ったんでしょうね。卒業して帰ってきて日本の大学に行きました。大学に入ったらそれぞれ下宿です。

**❤そうすると、お嬢さんたちが高校に入って以降は、伸び伸びと研究ができたわけですね。**

そういうことになりますね。女性研究者のライフって、本当に親のこととか子供のこととか夫のことか、みんな絡まってきますよね。自分一人でどうっていうふうにならない。北大の定年は六十三歳だったんですけれど、六十一歳のときに立命館大学に新しい学部をつくるから来てくれませんかと言われて、大阪いばらきキャンパスにできた総合心理学部に移りました。

**❤夫さんがいる福岡に近づいたわけですね。**

彼はもう本当に形の決まった生活をしている。朝四時ぐらいに起きて六時ぐらいに大学の研究室に行って、決まった時間にコーヒーを入れて仕事を始める、みたいな。いつも福岡に行くとそれに付き合わされます。私は二か月に一度ぐらい福岡に行き、彼もそれぐらいのペースで大阪に来ていました。最近は朝ごはんを食べるときはＺＯＯＭ(一)で喋りながら食べています。

**❤へえ、北大時代はどうしていたんですか？**

もう少し疎遠でしたけど、でもだいたい同じくらいのペースで行ったり来たりしていた。どっちかと言うと、私のほうが結婚して、って言ったし、押しかけ女房というか、弱い立場にあるなあって思うん

(一) パソコンやスマホで遠く離れた人どうしのミーティングができるサービスのこと。

です。でも、嫌なことは嫌って言うようにしている。例えば、映画を女性と二人で観に行かれたら嫌だなと思う。だから、面白い映画をやっているという話が出たときには、「誰と行くの？」って聞いて、「一人だよ」と言われたら、「ならいいけど」みたいな。本当に嫌だもん。

**❤お気持ちが若いですねえ。**

そうですか。ちょっとねえ、立場が弱いんですよ（笑）。

## 今は口を開けば「女性」って言っている

**❤理研の理事になっていかがですか？**

もう都度都度、「女性」って言っています。

**❤大学にいたときはどうだったんですか？**

私自身は、あまり女性女性っていうふうに思わないできたんです。日本学術会議でジェンダー分科会っていうのがあって、それには入っていましたけど、最初は少しうっとうしいぐらいに思っていた。ホント、申し訳ない。

**❤研究で手いっぱいだったんですよね。お気持ち、わかります。**

まあ、そういうことですね。でも、私の研究室は女性比率が高い。ある研究者が言っていたんですけど、女性がいっぱいいるところのほうが女性にとっては敷居が低いって。ある意味、当たり前のことです。だから、研究の世界に女性を増やすことが大事だなと思う。とくにＰＩ（研究主宰者）になる女性が増えてほしいと思って、今は口を開けば「女性」って言っています。そればっかりの人だなと思われているかもしれません（笑）。

# 再生医療の普及に執念を燃やす
# iPS細胞応用のパイオニア

再生医療

## 高橋政代さん

たかはし・まさよ
1961年大阪市生まれ。京都大学医学部卒、同大学院医学研究科博士課程修了、医学博士。京都大学医学部附属病院眼科助手(1995年から2年間米国ソーク研究所研究員)、探索医療センター開発部助教授を経て2006年に理化学研究所網膜再生医療研究チームチームリーダー、2012年から同研究開発プロジェクトリーダー、2019年8月から株式会社ビジョンケア代表取締役社長。

高橋政代さんといえば、世界で初めてiPS細胞を使った目の難病患者治療のプロジェクトを主導した眼科医として知られる。だが、それは彼女の一面に過ぎない。目の病気は軽症から重症まで多様だ。そのすべての患者のありとあらゆるニーズに応えること。それを「出口」と見据えて、京都大学から兵庫県神戸市の理化学研究所（理研）に移り、そこも飛び出して会社社長になった。いま目指すのは、日本の医療システムの改革だ。

## 「目の総合センター」がついに神戸にできた

**❤自動運転の研究にも取り組んでおられるそうですね。**

あ、それは今まであまりしゃべったことがないですね。我々は神戸アイセンターを二〇一七年に開設しました。治療にとどまらず、生活を助けるデバイスの紹介や訓練まで、トータルに患者さんをサポートする目の総合センターです。私は京大時代から、眼科だけの病院と患者ケアと、研究そして会社、という四つが一体となった「目のセンター」をつくりたいという構想を持っていた。神戸市が支援してくださってようやく実現しました。

自動運転に興味を持ったのは、経済産業省の審議会に入れてもらっていろんな技術の話を聞いてからです。自動車業界の人たちが盛んに「自動運転の技術はすごく進んでいますよ」と言うんで、「じゃあ、視覚障害者が乗れますね」って返したら、「危ない危ない、そんなん無理」って言うんですよ。それが、

iPSのときと同じだった。

**❤iPS（induced pluripotent stem cell＝人工多能性幹細胞）とは、山中伸弥㈠先生が開発したさまざまな細胞に変化できる細胞のことで、たとえば目にある「網膜色素上皮細胞」や「視細胞」を作ることができる。これを移植して失った視力を取り戻そうというのが、高橋政代先生たちが取り組んでおられる再生医療です。**

はい、iPS細胞は素晴らしいとみんなが言っているとき、「ならば私たちが治療に使います」と言ったら、「危ない危ない」でみんなが止めにきた。我々の一例目の手術は、世界で危ないと言われているものを「こう使ったら安全なんです」と示したものです。手術から七年以上たっても腫瘍化せず、視力を維持できていることを二〇二三年の学会で神戸アイセンター病院の院長が発表しました。

**❤だから、「無理」と言われた視覚障害者用の自動運転も「できる」と？**

私は患者さんたちが「また運転したい」「自動車に乗れたらな」と言うのを毎週のように聞いていた。ニーズがあったんです。それで、経産省の会議で「みんなに行き渡ったから障害者にも使わせてあげる、ではなく、本当に必要なところから使わせてください」と言った。そうしたら、内閣府の「戦略的イノベーション創造プログラム（SIP）」につないでくれて、私たち自身が応募してその研究グループの一員になりました。

## 視機能が落ちた人の運転をアシストする技術

実は、東京の西葛西・井上眼科病院におられる國松志保先生は、すでにドライビングシミュレーターを使って運転能力を調べる研究をしておられました。その國松先生にも入ってもらって、視機能が落ちた方にどういうアシストがあれば運転ができるかの研究を始めた。一般に視覚障害というと、重度の人しか思い浮かべないんですが、病院では軽い人から重くなった人まで、全部のグラデーションを診ているんですよ。

**❤確かに。一口に視覚障害者と言っても、いろんなニーズがあるわけですね。**

アメリカ・カリフォルニア州などは補助具を使うと〇・二程度の低視力まで運転できますが、日本は運転免許は両目で〇・七以上ないとダメですよね。一方で、多くの国は視野については厳しいのに、日本では視野制限は緩い。でも、視野が狭くなる緑内障という病気は日本人にすごく多い。本人が気づかないうちに視野が狭くなっていくんです。それで事故を起こしても、警察は「前方不注意」で処理していた。「見てたけど、見えなかったんだ」と運転者が言っても、警察は理解してくれなかった。明らか

(一) やまなか・しんや(一九六二- ):専門は再生医学、幹細胞生物学など。二〇一二年ノーベル生理学・医学賞受賞。

に、日本の法律は視野のことがわかっていなかった人が作ったんですが、今更「危ないから免許を取り上げよう」ではなく、「技術で解決しましょうよ」と主張しています。

最初は、自動ブレーキがあれば安全かと思ったんですが、自動ブレーキって常に完全に止まるわけじゃないんですね。しかも性能は各社マチマチで、それがあまり公表されていない。内閣府ＳＩＰの研究で、筑波大学の伊藤誠先生がドライビングシミュレーターを使って実験したら、中途半端な自動ブレーキがついているとかえって事故が増えるという結果もありました。一方で、視野が狭くても目を動かすのが上手な人は事故を起こさないとわかった。タクシーの運転手をしている人もいます。だけど、これぐらい狭くなったらさすがに危ないよ、というあたりを明らかにしてきています。どういうサポートをするのがいいかというと、音声で「右を見ましょう」といった行動の指示を出すのがいい。

## ❤これは、現在進行中の研究ですね？

そうです。今はトヨタ・モビリティ基金のサポートで研究をしています。神戸アイセンター病院でもドライビングシミュレーターを導入し、西葛西・井上眼科病院に次いで「運転外来」を始めました。自覚していない患者さんに「あなたはここが危ない」といったことを知らせている。非常に好評で、ノウハウもたまってきた。研究の成果として今後、これを全国の眼科に広めたいと考えているところです。

## 絶望して三年ぐらい泣き暮らした

**❤まさに社会に幅広く貢献する研究成果が出ているわけですね。ある意味、一人の患者さんに高額の費用がかかる再生医療と対照的ですね。**

再生医療はものすごく新しいので、もう医療の仕組みから全部変えないと無理だって一例目をやったときにわかったんですね。こんなん、公的保険で全部できるわけないわって。それにこれは手術なので、外科系の治療であって、薬の開発とは全然違うんです。

神戸アイセンター構想は、もともとは再生医療をできる場をつくるっていうことだったんです。先端的なバイオベンチャーを立ち上げたら、アメリカだったら数百億円とかの値がつく時期だったので、アイセンターをつくり、そこで再生医療を医療として完成させようと思っていた。そのために二〇一二年に会社をつくりました。社長になる方を探してきて、私は取締役になった。

**❤理研でプロジェクトリーダーを務めていらしたときですね。二〇一二年といえば、山中先生がノーベル賞を受けた年でもある。**

そうですね。網膜の細胞を量産する技術の特許権は、理研と大阪大とその会社が持ち、会社が二年後をめどに治験（国の承認を得るための臨床試験）を進めることになっていた。最初の二年は、一緒に活動していたんですが、そのうち考え方の違いが大きくなってきた。私が再生医療は前人未到の治療だから、いきなり治療法を固定して大量生産する必要はないし、従来の薬と同じやり方をしてもダメだと言っても当時は理解してもらえない。製薬会社の人は「大量生産して、製品をなるべくたくさんの人に使ってもらう」というビジネスモデルしか頭にないんですよ。約束したアイセンターはできないし特許も持っていかれるし、夢が壊れたと絶望して三年ぐらい泣いていました。

❤えーっ、そうだったんですか。

一例目の手術をしたのは二〇一四年ですが、利益相反の考え方が古くて会社が思うほど助けてくれなかったから、すごく大変だった。それで泣き暮らしていたけれど、やっぱりアイセンターをつくろう、このままでは死ねない、と二〇一七年にビジョンケアを立ち上げた。それまでにつくっていた患者ケアの公益社団法人NEXT VISION、理研のラボ、そして神戸市に助けていただいて開設した神戸アイセンター病院とビジョンケアが一体となったのが「神戸アイセンター」です。私はまだ理研に在籍していたので、最初は今の財務担当取締役に社長をやってもらい、二年後に理研を辞めてビジョンケアの社長になりました。

## 自分たちが開発した特許を使うための会社

理研は本当に素晴らしかったんですよ。研究者のサンクチュアリ（聖域）だった。私のラボには五十人ぐらい研究者がいたんですけど、世界最高レベルのすごいチームができました。ところが、有期雇用のスタッフには雇い止め問題の懸念があって、私が残ってほしいと言っても、理研が許さない可能性がある。それが何年か後に来ることがわかっていたので、受け皿として会社をつくったという側面も大きい。実際、理研の私のラボにいたメンバーの大部分がビジョンケアに移籍してくれました。

ビジョンケア設立のもう一つの大きな理由は、私たちが開発した特許を使うためです。治験が想定通りに始められなかったので、理研在籍中に「契約書にある知財返還の協議をしてほしい」と二年間言い続けたんですが、応じてもらえなかった。これは私が理研の外から言うしかないと思った。そもそも研究者にはライセンスを使う権利はなくて、事業をする人しか相手にしてもらえない。

**❤ああ、だから事業をする主体として会社をつくったんですね。**

弁護士さんに相談すると、特許法には「公共の利益のための通常実施権」を求める裁判のような手続きが定められているというんです。経産相に請求を出して、判決の代わりに「裁定」が出る。誰も使ったことがなくて「伝家の宝刀」と言われていたらしいんですが、二〇二一年にその請求を出しました。

正当な対価を払うから、医療改革などを含めた「公益」のために特許を使わせてくれと。
裁定の結論はまだ出ないんですが、最近、産学連携の知財ガイドライン（「大学知財ガバナンスガイドライン」内閣府・文部科学省・経済産業省、二〇二三年三月二十九日）というのが出て、そこでは特許が死蔵されそうになったら大学が取り返せるような契約にしておきましょうねって書いてある。これを見て、私が裁定を求めた意義は少しはあったと思いました[二]。

## 「やりたいこと」がなく、母の勧めに従い医学部受験

**♥お生まれは大阪ですね。**

はい、父は普通のサラリーマン、母は専業主婦で、一人っ子です。地元の小学校から、大阪教育大学附属池田中学校へ。近所のおばちゃんが「この子わりと賢いから挑戦してみたら」って言ったらしいんです。母はそんな意識がなくて、塾も行ったことがなかった。

**♥それで受かったんですか。**

あのころの中学受験では、塾に行かない人も半分ぐらいいたと思いますよ。家で過去問はやりました。電話帳みたいに厚いやつ。大学受験のときも予備校には行かなかった。夏期講習だけは行って、有名な物理の先生の授業を聴いたら、物理の点数が途端に上がりました。あ〜、わかった〜っていう感じで。

これにはびっくりしました。

**❤お母さまが医学部受験を勧めたとか。**

そうです。親戚には歯医者が多かったんですけど、母は「戦争になっても食いっぱぐれがない」とか言って、医者を勧めた。母親はわりと勝気だったんだけど、昔だから、女学校しか行かせてもらえなかったとか、専業主婦で我慢しなあかんかったとか、あったんだと思うんです。で、自分で生活できるようにしたほうがいいと私に言っていた。最初は絶対嫌やって反抗してました。血を見るのは嫌だ、とか言って。でも、そのころは本当に嫌だと思っていましたけど、別に慣れるんですね。だから、みんなに言いたい。そう思って医学部の受験をやめる女の子はいっぱいいると思いますけど、そんなのはどうもない（笑）。

結局、反抗したけれど、じゃあ、何をやりたいのか、何学部に行きたいのかというのがなかった。あちこちで言ってますけど、三十代半ばでアメリカに留学するまでは、自分でやりたいことというのは何もなかったんです。自分の意見というのもなくて、誰の意見にも合わせるから、「合わせの小池」って、あ、私の旧姓は小池っていうんですけど、そう呼ばれていた。聞いているばっかりで、自分でしゃべることってあんまりなかったですね。

(二) この件は二〇二四年五月三十日に和解契約が成立した。「自家移植については三十例まで特許を無償で使える」という内容で、高橋政代さんは同日の記者会見で「とても嬉しい。解き放たれた気持ち」と述べた。

**❤今と大違いですね。**

そうなんです。同級生は「あんなに可愛かったのに、どうしてこうなった」と言います（笑）。三十五歳でやりたいことに出会ってから、言いたいことがどんどん出てきて。今は人が言っている最中にかぶせて話してしまう。これはまずいから自重しないと、と思っているところです（笑）。

## 眼科はリベラルで、女性上司もいてラッキーだった

**❤ちょっと時間を戻すと、京大の医学部に入って、卒業と同時に結婚。お相手は同級生で二〇二二年四月から京大iPS細胞研究所長を務めている高橋淳(三)先生でした。**

彼の専門は脳外科ですけど、テニス部で一緒だったんです。彼のテニスは高校野球みたいなんですよ。

**❤え？　一生懸命ということですか？**

そう、何故かテニスなのに泥だらけになる。それぐらい、どんな無理と思われるボールでもくらいついていく。それと、女子と男子で練習するとき、女子にはみんな容赦するのに、彼は容赦しなかった。それが良かったですね。いま思い出しました。

私は母親にかなり洗脳されて、ちゃんと手に職をつけて、結婚して子育てもするんだと思い込んでいた。だから、子育てをしやすい科として眼科を選びました。卒業直後の研修医時代は手に職をつけるた

めしっかり勉強しないといけないので、「その間は子どもを産みません」と姑さんに手紙を書いた。あのころはすぐに「子どもはまだ？」って聞かれるから、先制攻撃です。

**❤すごいな、それは。**

二年の研修医が終わって大学院に行っている間に一人目を産み、二人目は大学院を修了して京大附属病院で助手をしているときに産みました。小さい子が二人いる生活はしんどかったですね。脳外科の旦那は睡眠三時間で働いていて、家にいない。ゼロ歳と二歳の子をお風呂に入れるのは大変で、自分の顔を洗うとか髪を洗うとかできなかった。

**❤あ〜、乳幼児のお風呂は大人が二人いないと無理です。**

今から考えてもよくやったと思います。あのころは当直免除とかもなかったですし。それでも、眼科はリベラルで、女性だからといって蔑視されることはなかった。すごく優秀な女性の上司がいましたし、私と同年代で子持ちの女性教員が三人いた。教授が心の広い人だったというか、何も考えていないというか、とにかくラッキーでした。他の科なんか、妊娠したら大学病院を辞めるという不文律がありましたから。

(三) たかはし・じゅん（一九六一－）：専門は神経再生、脳神経外科。

❤え〜、産婦人科や小児科にとっては妊娠を経験した女性医師は千人力でしょうに。

本当にそうですよ。今は時代が変わりましたけど、当時の京大病院で眼科以外に女性教員がいる科はほとんどなかった。眼科の女性教員の同僚はみな豪傑で、私も含め仕事に穴は開けないし、夜の九時十時まで手術をしていた。でも通常は保育園のお迎えがあるから七時に帰る。そこで仕事を切り上げないといけないことにすごくストレスを感じていましたね。

## 「五年で臨床試験をします」と宣言

❤運命の分かれ道となるアメリカ留学に行かれたのが一九九五年ですね。

夫が脳の神経幹細胞を研究するためにアメリカ・ソーク研究所に留学したので、子ども二人を連れてついて行きました。それまで自分はあまり研究に向いていないと思っていたんですけど、ここで幹細胞の研究を始めたら、すごく面白い。臨床医をしてきた私は幹細胞の価値がすぐわかった。幹細胞を使って網膜を再生できれば、失明した人に光を取り戻すことができる。それをやるのは私だと思った。

それで、日本に帰ってからも幹細胞の研究を続けました。当時はＥＳ（胚性幹）細胞を使って研究し、二〇〇四年には霊長類のＥＳ細胞を使った動物実験で治療ができるという世界初の論文を出した。京大の助教授時代です。世界はヒトへの臨床応用に向かってどんどん動いていきましたが、日本では倫理的に慎重さを要求された。ＥＳ細胞はヒトの受精卵から作るからです。そこに、皮膚細胞から作れる

iPS細胞が出てきたわけです。

❤新聞でも、iPS細胞はES細胞と違って倫理的問題がない、と盛んに書きました。それに、患者本人の細胞を使って作れば、拒絶反応が起こる心配もない。

ES細胞には枕詞のように「倫理的問題のある」という説明がつきましたが、これはおかしいと当時から思っていました。カトリックでは「生命の誕生は受精のとき」と教義にありますから問題視するのはわかりますが、日本では中絶が行われている。にもかかわらずES細胞を問題視するのはダブルスタンダードです。それよりも拒絶反応のことが問題でした。対象疾患の一つ、加齢黄斑変性[四]は高齢になって発症する。他人の細胞を移植したら拒絶反応を防ぐために免疫抑制剤を使わなければなりませんが、そうするとほかの病気の感染リスクが高くなる。基礎体力の弱い高齢者に免疫抑制剤を使用したくなかった。

マウスでiPS細胞ができたと論文発表されたのが二〇〇六年で、その年に私は京大から神戸市の理研に移りました。翌年にはヒトでiPS細胞ができたと論文発表された。私は山中先生に「五年で臨床試験をします」と宣言したんです。国も再生医療の特質に合わせた法律、制度づくりを進めてくれて、再生医療については世界最先端の法律ができた。それもあって、異例のスピードで第一例の手術にこぎ

(四) 老化に伴い、網膜の中心に出血やむくみを来し、視力が低下する進行性の病気。

つけました。

## 家事のアウトソースを抵抗なく活用できるといい

**❤アメリカから帰ってきてから全速力で駆け抜けてきた感じですね。帰国してからの子育てはどうされていたのですか？**

アメリカでは臨床医として働く必要はなくて研究だけできたので、本当に解放されて、楽しかった。上の子は六歳になって、小学校の前の段階のプレスクールに入ったんですけど、あらゆることが「お母さんは働いている」という前提で進むから、すごく楽だった。アフタースクールが充実していて、民間の会社が何社も入って、スポーツをやる、勉強する、音楽や美術に親しむとか、いろいろ特徴があって、親が選べるんですよ。お金はかかりますけれど、すごくサービスがいい。学校にずらっとバスが並んで、子どもたちはそれに乗って会社の施設まで行って、遊んだり勉強したりしたあと送ってもらう。

日本に帰ってきたら、学童保育は全然違った。楽しくなかったみたいで、子どもが行きたがらなくなって。保育園は七時まで預かってくれたので自分だけでところどころアウトソースして子育てしていましたが、小学校低学年はすごく早く帰ってくる。それで、姑さんに放課後の子どもの面倒を見てもらうことにしたんです。

❤お姑さんはお仕事をされていなかったんですか？

少し前に保育園の副園長を引退したところでした。

❤お～。安心してお任せできますね。

日本の小学校は、母親がＰＴＡ役員などをするものという体制で回っているから、アメリカとはまるで違う。私もＰＴＡの広報委員会に昼間出席したりしましたよ。

男女共同参画に関して日本の一つの問題は、家事や育児のアウトソースを嫌がることですね。お金がかかっても、ちょっと家事を手伝ってもらうだけで、すごい楽なんですよ。アジアの国々では、第一線で働く女性の家にはお手伝いさんがいる。日本も戦前はそうだったんですが、それを手放してから、全部奥さんがやらないかんとなった。今は男女区別なくなってきましたが、アウトソースを抵抗なく活用できるようになるといいですよね。

## 五十歳で「社会」に目覚めた

❤お嬢さんたちは今どうされているのですか？

二人とも就職して、結婚して、働きながら子どもを産みました。それは、私が母親から譲り受けたように、娘たちに「結婚するのよ」「早めに子どもを産んだほうがいいよ」って刷り込んだから。卵子や精子の老化という科学的問題がありますから。子どもってね、反抗するけど、なんか刷り込まれて叶えようとするのかな、と思います。

私は今、四次元の会社にしようと言っているんです。二次元は薬などのモノをつくる、三次元は手術など含めて医療をつくる。再生医療はこれで、ここまではできた、と。次は社会の仕組みをつくる、それが四次元の会社です。医療のシステムを変えないと再生医療は広がらない。今の医療費抑制の中でイノベーティブな医療を進めるには、公的保険以外の財源が必要で、それには互助的な民間保険を活用するのがいいと私は言っています。そして、エビデンスのある自由診療という高度医療のカテゴリーをつくって、質が確保されたものにする。

**❤自由診療というと、医師会が反対するのではないですか？　国民皆保険は世界に誇る制度で、公的保険を使って必要な医療を受けられるようにするのが筋だ、と言っていたと思います。**

医師会の方に「皆保険を守るために必要です」と説明したら納得してくれた。これは今、私の中で一番ホットな問題です。自然科学でいくら頑張っても社会科学が進んでいないと社会実装できないとわかったから。五十歳で「社会」に目覚めたんです。

# 親と意見が合わず三年間引きこもりから、研究と社会をつなぐ仕事へ

公衆衛生学

## 堀口逸子さん

ほりぐち・いつこ
1962年長崎市生まれ。長崎大学歯学部卒、歯科医師。1996年長崎大学大学院医学研究科博士課程修了、医学博士。佐世保市保健福祉部非常勤嘱託などを経て2001年順天堂大学医学部公衆衛生学教室助手（のち助教）、2013年長崎大学広報戦略本部准教授、2018〜2023年東京理科大学薬学部教授。2015〜2021年内閣府食品安全委員会委員、2020年2月〜2023年3月厚生労働省参与（クラスター対策班班員）。

公衆衛生学が専門の堀口逸子さんは、新型コロナのパンデミックが始まったとき厚生労働省が設置した「クラスター対策班」の班員になり、「新型コロナクラスター対策専門家」というツイッター（現・X）アカウントの「なかのひと」になった。長崎大学歯学部を卒業したが、臨床医にはならずに大学院で公衆衛生学を勉強。博士号を取り、大学で仕事をしながら政府の審議会などの委員をいくつも務めてきた。研究や研究指導も途切れることなく続けている。

## 乞われて「クラスター対策班」の班員に

**❤新型コロナの感染クラスター特定やデータ収集・解析をする「クラスター対策班」は東北大学の押谷仁[一]先生や当時は北海道大学にいらした西浦博[二]先生がメンバーで、二〇二〇年二月二十五日に厚生労働省の中に設置されました。その班員だったのですか？**

はい、そうです。私は、西浦先生から「若い人に情報を届けたい」と相談されて、班のメンバーになりました。私が情報発信の方法を考えることになり、ＳＮＳがいいと提案し、最終的にツイッター（現・Ｘ）で発信することに意見がまとまりました。

**❤西浦先生は数理モデルを使って「接触を八割減らすことが必要」と打ち出し、「八割おじさん」として有名になりました。以前からお知り合いだったんですか？**

ええ。彼がドイツの研究所で研究員をされていたとき、長崎大学熱帯医学研究所（熱研）の准教授も兼務されたんですよ。私が順天堂大学の公衆衛生学教室で助手をしていたころです。長崎大は私の母校で、彼が年に何回か熱研に来られていたときに知り合った。その後、新型インフルエンザが流行したとき（二〇〇九年）、彼はまだ海外にいて、「発表した論文を日本のメディアに知らせたいのだけど、どうしたらいいか？」とメールが来て、アドバイスしたこともありました。

**❤なるほど。今回、新型コロナでまた頼られたわけですね。**

私は、コミュニケーションだけ切り離して対応するのがいいと思って、過去に一緒に仕事をした人たちに声をかけてチームを作りました。危機管理コンサルタント、日本科学未来館のサイエンスコミュニケーター、それに広報のプロと言えばいいのかな、修士課程までは土木で、広報系でドクターを取った広告代理店の若い人、以前一緒に研究した心理学系の若手研究者二人、そしてリスクコミュニケーションが専門の大学教授ですね。それに西浦先生にお願いして研究室の若いスタッフを二人出してもらった。彼らは分析の仕事もしていましたけれど、結果を伝える文章や図表も作る担当。何を投稿していくかっていうところは私が考えて、原稿はこの二人に書いてもらい、言葉遣いや画面の作り方については広告代理店の若手にいろんなノウハウを教えてもらった。基本的にこの四人で動かしていました。

(一) おしたに・ひとし（一九五九–）：専門はウイルス学、感染症疫学。
(二) にしうら・ひろし（一九七七–）：専門は感染症疫学、理論疫学。現在は京都大学教授。

始めるとき、厚労省の公式アカウントにすると役所のチェックを受けなければならず、そうするとスピード感がなくなるからまずいとなりました。私は内閣府の食品安全委員会の委員をしていたので、役所の考え方もわかります。政策的なメッセージを出すと役所からはねられると思った。クラスター対策班の先生がたの特徴は、分析ですよね。いわゆる数理モデルを使った分析をされていて、それは役人にはできないことじゃないですか。分析の結果はサイエンスなので、そのサイエンスの部分を情報提供します、という線引きをしたわけです。

班長は厚労省の人だったので、彼も交えて話し合って、アカウント名は「新型コロナクラスター対策専門家」としました。「班」が入っていないから、これは厚労省の公式なものではないということなんですが、普通の人はそこまで気が付きませんよね。とにかくスピーディーに情報を出すための工夫でした。

## 初日に「ニセアカ」と疑われたが、フォロワーは四十万超え

**❤発信が始まったのは四月三日で、途中からビデオや画像も出てきました。**

初投稿の当日、「ニセアカ」ではないかとリプライがついて、あわてて対策班の専門家の方々の動画を撮り、それを投稿していきました。数理モデルの分析に出てくる用語の解説を順に出しましたが、それだけだとあまり読んでもらえない。代理店の彼が動画や画像のうまい入れ方とか、「ウィットにとん

だ投稿にしないとダメ」とか、ハッシュタグ（#）の使い方とかを教えてくれました。彼がいなかったら、厳しかったなと思います。彼は広告の中でもSNSが専門で、拡散させるのが本当に上手だった。ただ、画像や映像の作り方は教えてくれたけれど、「あとは自分たちでやってください」だったから、西浦研の二人ががんばりましたね。それまでツイッターに投稿したことはないという二人だったけど、のみ込みも早かった。私は自分自身のツイッターアカウントを持っていましたけれど、せいぜい二百人ぐらいから「いいね」を押されたぐらいの経験しかない。こちらのアカウントは四月二十日にはフォロワーが四十万人を超えたので、ドキドキしながら運用していました。

**♥いつまでやったんでしたっけ？**

その年の六月までですね。

**♥あ、わりと短期間だったんですね。そこで終えるという判断は？**

私です。第一波が終わりましたから。その後も波は来るんですけど、サイエンスの基本的事項は変わらないんですよ。「三密」を見つけた先生がたを私は偉い、すごいと思っていますが、それも変わらないんですよ。当時はまだワクチンがなかったので、流れて来る話はどんどん医療のほうの話になっていった。そこには、クラスター対策班の先生からの新しい知見はない。

「なかのひと」をやってみて、プライベートでのつぶやきと、目的を持って投稿するのは全然違うってわかった。企業さんは、ツイッターを使った方がいいなと思いました。とくに、注意喚起のときに。拡散性が高いので。ただ、情報を提供して共有するところまでしかいかないので、合意形成などを目的にしてはいけないものだと認識しています。そこは、いま、研究として検証しているところです。

「新型コロナクラスター対策専門家」のツイートについては、すでに日本語と英語の論文を一本ずつ出しました。日本語論文では使われた言葉の分析をし、英語論文では映像や画像の影響を調べた。結果はとくに目新しいものではないです。でも、日本と欧米の違いがわかった。欧米って、政府の研究所がツイートしても「いいね」ってつかないんですよ。だけど、日本だと、ウィットに富んだものだったら「いいね」がつく。やっぱり、日本人と欧米の人は感覚が違うのかなと思う。

## 自治体やNPOで働いていた時も論文執筆

**❤面白いですね。ところで、食品安全委員会は、BSE(牛海綿状脳症)問題をきっかけにできた食品安全基本法によって二〇〇三年から内閣府に設置された委員会です。七人の委員は国会の同意を得て総理大臣が任命する。食品の安全について、科学的知見に基づき客観的かつ中立公正に評価するという、重要なお役目を二〇一六年から六年間務められたんですね。**

その前に、リスクコミュニケーションについての専門調査会の専門委員になったんです。食品安全委員会はリスクコミュニケーションのあり方に関する報告書を二〇〇四年と二〇〇六年に出しましたが、それっきりになっていた。そろそろ新しいものをと報告書を作るワーキンググループが作られて、座長になったんですよ。報告書は二〇一五年五月に出ました。たぶん、そのときの評判が良かったんだと思うんですけど、当時の事務局長から「次は委員でお願いします」と言われた。ただ、国会同意人事(三)なので、事前に漏れるといけないから、「学長を含めて誰にも言ってくれるな」と釘を刺された。それで、誰にも言わないでいたら、決まってから大学が驚いてしまって……。

**❤えーと、そのときはどこの大学にいらしたんですか?**

母校である長崎大学の東京事務所で働いていました。私は生まれも育ちも長崎で、長崎大学歯学部に入って歯科医師の資格をとりましたけど、もともと開業するつもりはなく、長崎大の大学院で公衆衛生学を勉強しました。博士号を取得してからは、自治体で働いたり、NPO法人で働いたりして、二〇〇一年に東京に来て順天堂大学の助手になりました。私は自治体やNPO法人で働いていたときも学会で発表していたし、論文も書いていたんです。

**❤どういう学会で発表していたんですか?**

公衆衛生学会とか、健康教育学会、口腔衛生学会などです。自治体というのは長崎県佐世保市ですけ

(三) 政府が一定機関の構成員を任命する際に、衆参両院が可決して同意する必要がある重要ポストの人事のこと。

ど、自治体はいろんな健康データや調査結果を持っている。私がいたNPO法人は歯科医の集団が予防歯科のために作った組織で、歯科の定期健診に通っている子供たちのデータを二十何年分蓄積していた。そういうデータを使うと論文が書けるんですよ。

佐世保市では部長さんに「これ、論文になるかもしれないから、職員と一緒にやって」と言われて、半分私が職員を指導しながら、職員とディスカッションして論文にしていった。だから、「現場のほうがネタがあるじゃん」というのがそのときの感覚なんです。

大学の教員になると、研究費は取れるけれど、調査はお願いベースになる。現場はネタがごろごろ転がっている。逆に言うと、政策も科学をベースにすべきだと私は思っているので、職員が科学的な考え方を持つことが、たとえ論文にならなくても大事だろうなと思っているんです。だから、かかわった自治体の保健師さんたちには「学会発表はした方がいいよ」といって、よくサポートしていました。具体的には、九州を中心に、東京に来てからは横浜市によくお手伝いに行きました。医師は外の病院に臨床のアルバイトに行くじゃないですか。そのアルバイトが私は調査や企画のお手伝い、という感覚です。

## 進学先で父ともめて三年間引きこもる

**❤最初から気になっていたことを質問させてください。なぜ歯学部に進まれたのですか?**

紆余曲折あって、ですね。実は私は小六から中三まで、福岡にあるピアノの塾に通っていて、ピアニストを目指していたんです。片道三時間かかるところに毎週に通って、超多忙な日々を過ごしていたんですが、中三のときに塾を辞めたんです。なんか、音楽学校に受かるための音楽をするのが嫌になってしまって。親はもう怒り心頭です。父は旧制長崎医大(四)の卒業生で、でも開業しているわけではなく、友達の病院を手伝っている感じでした。私から見ると、対人関係が苦手な、いわゆる発達障害なんだと思います。私が公立高校に入ったら、父は「義務教育じゃないので、二十番以内に入らなかったら学校やめてください」と言ったんです。

**❤え〜！　それは厳しすぎるんじゃないですか。**

一年生の最初の試験で二十二番ぐらいになり、それでとりあえず許してもらった。私はピアノが大変だったので、ラクをしたいという思いが強かったんですよ。ピアノをやめたんなら医学部に行ってほしいというのが父の要望でした。でも、お医者さんというのはすごく大変そうで、親戚には歯医者もいて、歯医者は当直もなくてそこまで大変そうじゃない。これは絶対歯医者の方がいいと思って歯学部に行きたいと言ったら、父から大反対された。「東大に行くしか意味がない」とも言われた。結局、進学先で父とすごくもめて、私は三年間引きこもっていたんです。

(四)　旧制官立学校。一九六〇年に廃止され長崎大学に包括された。

❤え、高校時代に？

いいえ、卒業してから。二十歳から三年間ぐらい引きこもって、大学に入ったのは二十三歳なんですよ。現役のときは奈良県立医大を受けました。医学部しか受けさせてもらえなかったので。不合格になり、一応予備校に行かしてもらったんですけど、要するに行きたくない、勉強したくない、ってなってどんどん引きこもり始めた。父は「早く家を出て行け」というタイプだったから、学生用アパートに放り込まれたんです。自宅は長崎大医学部のすぐそばで、周りに学生用アパートがいっぱいあった。ご飯は家に帰って食べていいけど、寝たり勉強したりはそこでやれ、と言われて。

私は歯学部に行きたいと思っているのに、父は譲らなかった。あ、私は一人っ子です。で、最後は医学部と歯学部がある大学を受ければ誤解するだろうと思って、長崎大学歯学部を受けました。父は医学部を受けたと思っているから、わかったときはもうすごくお怒りでした。「おめでとう」と言われた記憶ないです。

❤なんとも辛い日々でしたね。

でも、アパートの近くの商店街に本屋さんがあって、学生さんが来ない時間帯に毎日行って、本を立ち読みしていました。雑誌もあるし、小説もあるし、片っぱしから。大学に入ってもアパート暮らしで、父は学費を出してくれなかったので、ずっとアルバイトをしていました。

**❤え、お母さんがこっそり渡してくれたりしなかったんですか？**

しないです。母は染織作家で、若いころは洋服のデザインとかをしていましたけれど、勉強のことは興味がなくて。

## 「結婚なんてムリ」と普通に思った

アルバイトは家庭教師と、ピアノですね。ホテルのラウンジなどで弾くといいお金になって、ピアノをやっていて良かったなと思った。奨学金ももらいました。大学院を終わったとき、奨学金が六百六十八万円もあって、もうどうしようって思いました。

**❤それを返済しないといけない。**

返しましたけどね。最初は研究者になりたいと思っていたわけでなく、ただ開業をするつもりもなかったので、病院に歯科医として勤めるにはどうしたらいいかを調べたんです。そうしたら、大学院を卒業していないとだめだとわかった。歯科がある病院の数もそんなに多くない。それに、当時の歯科は根拠がよくわからない基準値みたいなものがまかり通っていて、その基準値が大学によって違ったりしていたんですよ。これって、私が考えていた科学の世界と違う、と思って、この世界は無理だわと思い始めた。今は歯科の世界も科学的根拠を重視するように変わってきていますけど。

それで、大学院では公衆衛生学を勉強しようと思い、歯科医で公衆衛生学者になった方に相談して、結局、地元の長崎大医学部大学院に入りました。そうしたら、家に戻してもらえた。大学院ではアルバイトをして勉強の時間を削られるよりはしっかり勉強しなさい、という感じでした。親類縁者には大学の先生をしている人も多く、大学院に進むことは誰からも反対されなかった。

**❤それで、無事に博士号を取得した。結婚の話などはなかったのでしょうか?**

地方と東京って、様子がずいぶん違うんですよ。地方で医学部を卒業した女性って本当に結婚していないです。もちろん結婚している人もいますけど、学生時代に見つけられなかったら結婚していないという感じですね。私は大学院を卒業したときには六百六十八万円の借金を背負って、就職先もなくて、三十四歳で、友達に「結婚なんて無理やろ」って言われて、自分でも「そうだよね」って普通に思いました。まあ、独身で好き放題やってきた感じですね。

## 食品安全委員会の職務を大学が理解しない

**❤順天堂大から長崎大に移ったのは、どういう経緯で?**

順天堂の教授が早期退職されたんです。それで次の仕事を探さないと、と思っていたとき、当時の長崎大の学長から「やってほしい仕事がある」と声をかけられた。そのころ、東京近辺のいろんな現場に行ったりもしていたので、「東京にいたいんです」と学長に話したら、「いや、東京事務所を動かしてほしいんだ」と言われて。

**❤長崎大学が東京事務所を持っているんですね。**

はい。それで、広報戦略本部の准教授として五年の任期で働くことになりました。これが大変でした。一番大変だったのは、事務所の引っ越しを迫られたことで、（千代田区）内幸町でいい場所を見つけて何とか期限内に移った。そうしたら文部科学省にも近くてすごくいいって、後から同じビルに室蘭工業大学や弘前大学も入ってきた（笑）。国立大学はやはり文科省と連絡を密にする必要がある。国の審議会などは傍聴できるものも多いので、できるだけ参加して国の動きをウォッチするのも仕事の一つでした。お陰で国の動き方みたいなこともわかるようになりました。

**❤そういう仕事をしているときに、内閣府食品安全委員会の委員になった。**

はい、国会同意人事のため決まるまで黙っていたら学長が驚き、また学内の規則にも国の行政機関の内部に設置される八条委員会(五)の委員になることが想定されておらず、就任できそうにありませんでした。母校を卒業した官僚たちが学長にご説明とお願いをして、なんとか私の就任を認めてもらった。任

(五) 国家行政組織法第八条にもとづく委員会のこと。学識経験者がメンバーとなり、調査審議や不服審査などに当たる。これに対し同法三条にもとづく三条委員会は、それ自体が国家意思を決定する行政機関で、紛争の裁定やあっせんなどをする権限を持つ。

期は三年で、再任されて六年務めました。その途中で長崎大の任期五年が切れた。そうしたら学長が替わっていて、「長崎に戻って来い」と言われたんです。

私、委員は非常勤でしたけど、緊急時には二時間以内に招集って決まっているので、長崎に戻ったらその義務を果たせない。それを説明しても、理解してもらえませんでした。それで、どちらを選ぶかとなって、結局長崎大を辞めました。

そうしたら長崎大の理事をされていた先生がすごく配慮してくださって、その先生から東京理科大につながりができて五年任期の教授になりました。この任期が切れたのが二〇二三年三月です。私は東京薬科大学や広島大学歯学部では客員教授を続けています。慶応大学医学部では食品安全やリスクコミュニケーションについて非常勤講師を続けていて、実は私の研究費は慶応に入れています。

## ❤どういうことですか?

順天堂大時代から国の研究費を取っていましたけど、長崎大に移った時に研究費を移管しようとしたら長崎大に入れさせてもらえなかったんです。仕方がないので、そのときは順天堂大に非常勤講師の名前をもらって研究費を置かしてもらった。そのあとに研究費を取った時は慶応で非常勤をしていたので、慶応に入れた。理科大のときは理科大に入れていましたが、退職してからはまた慶応です。

## 研究をベースにした活動で社会に貢献したい

**❤教員が研究費を取ったら大学は喜ぶはずなのに、長崎大の対応は何とも解せないですね。そんな状況でも研究を続けたのはどうしてですか？**

やっぱり興味があることはちゃんとやっていきたいじゃないですか。研究者であり続けたいということは、ずっと思っていました。食の安全をどう伝えていくのか、というのは結構難しい。これは、リスクに関するコミュニケーションです。リスクコミュニケーションって、何についても必要で、私は感染症とか、原子力とか、食品とか、いろいろやっています。分野はさまざまだけど研究手法は同じで、だから私が専門としていない分野の専門家と一緒に研究をするのですが、大学の先生からは論文の分野が多岐に渡り過ぎると批判されてしまうんです。

**❤それは的外れな批判だと感じますね。社会が求めているのはまさに分野横断的な研究であり、それができる人材でしょう。二〇二二年に出版された一般向けの本（『運動ゼロ、カロリーを考えずに好きなものを食べてやせる食生活』共著、池田書店）も、分野横断的な成果と言えますね。書き出しは、忙しく仕事をしていた堀口さんが在宅勤務になってみるみる体重が増えたすえ、転んで両足を骨折したという漫画ストーリーです。入院生活でバランスの良い食事をしたら歩けないのに体重が減ったというとこ**

**ろから、本題に入っていく。読み始めたらぐんぐん引き込まれました。**

ありがとうございます。私を指導してくれた管理栄養士の平川あずささんがとにかく素晴らしい人なんです。平川さんと私のチャットから生まれた本ですが、公衆衛生学が専門の津金昌一郎(六)先生からも「名著だよ」って褒められました。二〇二四年にはこの内容をビジネスパーソン向けに根拠を示しながら書き直した『最強の食事戦略――研究者と管理栄養士が考えた最終解答』(ウェッジ)という本を津金先生の監修で出しました。

❤**精力的にお仕事をされていますね。堀口さんは政府の委員をたくさん務めてこられたんですよね。**

消費者庁、経済産業省、文部科学省、環境省などの委員会で委員をしてきました。「神出鬼没」なんて言われることもあるんですが、これからは大学で教えるよりも、さまざまな分野の人たちとの共同研究に力を入れたいですね。研究をベースにした活動で社会に貢献したいと思っています。

(六) つがね・しょういちろう(一九五五- ):一九八六年から国立がんセンター/国立がん研究センターで疫学、予防医学の研究に従事。二〇二一年から医薬基盤・健康・栄養研究所理事兼国立健康・栄養研究所所長。二〇二三年から国際医療福祉大学教授。

# 学問の壁を乗り越え探究、引け目を脱して経済学に新風を吹き込む

行動経済学

## 小林佳世子さん

こばやし・かよこ
埼玉県川越市生まれ。東京女子大学文理学部社会学科卒、2001年9月東京大学大学院経済学研究科博士課程単位取得満期退学。1999年7月～2002年3月、アメリカ・ペンシルベニア大学留学。2002年南山大学経済学部専任講師、2008年同准教授。

初めての単著『最後通牒ゲームの謎――進化心理学から見た行動ゲーム理論入門』（日本評論社）で二〇二二年の日経・経済図書文化賞を受けたのが南山大学（愛知県名古屋市）の小林佳世子さんだ。伝統的な「経済学」と、実験をベースに議論する「行動経済学」の食い違いを深掘りし、進化心理学や脳科学の最新成果も取り入れて「人間はなぜそう行動するのか」を論じた。第一稿は「自分の考え」は入れないようにしていたが、恩師らの叱咤激励を受け、完成稿は様変わりしたのだという。

## 専門書の質を保ちつつ誰にでも読める本

❤「最後通牒ゲーム」と聞いても、ピンとこない人が多いかもしれません。これは経済学の一分野である「ゲーム理論」で出てくる有名なゲームで、私から簡単に説明します。AさんとBさんがいて、第三者から次のような提案をされます。「お二人に一〇〇〇円差し上げます。それをどう分けるか、Aさんが決めてください。その分配をBさんが受け入れれば、その通りにお金をあげます。Bさんが嫌だといえば、一〇〇〇円は返してもらいます」。このとき、Aさんが「Bさんに一円あげる」と言うと、理論的には一円でも〇円よりはマシなのでBさんは受け入れるはずなのに、実験してみるとほとんどの人は拒否する。これが「謎」ですね。

実際に実験すると、Aさんは見知らぬBさんに一円ポッキリではなく半分程度を分け与えることが多いんです。こういう利他的行動をとることは、ダーウィン以来の「謎」ともされていて、こうした全体を私は「最後通牒ゲームの謎」と呼んでいます。学生さんに、Bさんは一円でも受け入れるはずだと説明しても、どうにも納得がいかないという顔をします。この点は、教えている私自身、学生時代からずっとすっきりしない思いを抱いてきました。でも、それは私の勉強が足りないからだろうと思っていたんです。

そのモヤモヤの正体を正面から追究したのが、この本です。もとになったのは、大学でやった三回目の講演会です。一回目と二回目は、「きっとこんな話なら面白がってくれるのでは」と考えてやったんですが、ことごとくダメで、大失敗でした。三回目は、正直もう嫌で嫌でしょうがなかったんですが、開き直って自分が面白いと思ったことだけを話すことにした。そうしたらとても評判が良くて、同僚の先生方からも「すごく面白かった」と言っていただけた。「なんだ、自分が面白いと思う話は、他の人にも面白いと思ってもらえるんだ」と、このとき気が付けました。

## ❤それで本にしようと思ったのですか？

まずは短い論文にまとめて大学の紀要(一)に掲載しました。これをもとに本にしたいと思って、第一稿を書きました。骨格はできているのだから、一般向けに言葉を少しやさしくして、あとは最新研究の流れを一通り見直して確認すればいいだろうと考えていたら、とんでもなかった。改めて調べ直してみる

(一) 大学などの教育機関や研究所・博物館などが定期的に発行する学術雑誌のこと。

と、さまざまな専門分野の関連文献が次々に出てきて、いつまでたっても終わらない。それに、用語一つとっても分野ごとに使い方もずいぶん違っていて、私の本の中でどうやって統一するのかすごく悩みました。引用する論文の内容を正しく言い換えるために、その分野の学部の教科書から読み直して、関連文献を山のように積み上げて、言葉の使い方を一つ一つ確認して……などという作業も当たり前になりました。

強く意識したのは、「誰にでも読める」、けれど「専門書としての質も落とさない」ことでした。最大の理由は、改めて学際研究の必要性を強く感じたからです。他分野の人と議論をするためには、互いに理解できる言葉で書く必要が絶対にあると思いました。

**❤確かに高校生でも面白く読める本に仕上がっています。**

ありがとうございます。ただ、当初は「自分の考え」を入れることは意識的に避けていました。こんな無名の人間の考えなど、誰も聞きたくないだろうと思って、それぞれの学問の「標準的な考え方」をきちんと紹介する本であろうとしたんです。

でも、本音を言えば、ただ怖かっただけです。専門外の分野の話をたくさん借用しているので、もしかしたら何か勝手な解釈をしてとんでもない間違いをしているかもしれない。それだけでも怖いのに、それをベースに自分の考えを主張していくのは、もっと怖かった。

ところが、第一稿を読んでくださった、東京大学大学院時代の恩師である奥野正寛(二)先生に叱られました。「君の考えをちゃんと出せ」と。「小林さんは、コンプレックスを持っておられるようで、自分には業績がないとしばしば発言されます。この書物をあなたの学術的貢献にしようとは思わないのですか？」と背中を押されました。

**❤それで怖くなくなったんですか？**

いや、怖かったですけど、批判を恐れてごまかそうとするのは卑怯だと気が付いた。

## 東大の授業に潜り込み、経済に惹かれた

**❤なるほど。大学は東京女子大学だったんですね。**

はい、社会学科でした。私は高校時代はいろいろもがいていて、勉強自体は好きだったんですけど、試験で点をとるための勉強はしないと突っ張っていた。つまらないと思った授業はさぼって、図書室に行って好きなことを勉強する、扱いにくい生徒でした。そんなふうだったので大学受験では第一志望も第二志望も見事に落ちました。

東女の一年生のときは東大と合同の合唱団にハマって、歌ばかり歌っていました。二年生になるとき、

(二)　おくの・まさひろ：専門はミクロ経済学、ゲーム理論、公共経済学。

いろいろ反省もして、思うところもあって、せっかくなら日本で一番といわれる大学の授業を聞いてみようと東大の授業に出てみたんです。片っぱしから出てみた中で唯一面白いと思ったのが経済学でした。

二年生の後半は自分の大学で経済学の授業をとり、ゼミの先生にお薦めの本は何かと聞いて、(経済学の祖である)アダム・スミス(三)の伝記を薦められたので読み始めたんですけど、こういうのを読みたいわけじゃないと思ってすぐにやめた。それで、図書室にある経済学概論とか入門とか、初心者向けっぽいものを持ってきて、そこに書いてある参考文献を全部リストアップした。一番たくさん参考文献として挙がっているものが、きっと良い本なのだろうと考えて、あとはひたすらその本を一人読みふけりました。わからないときは、前に戻って読み直し、どうしてもわからなければ「何がわからないのか」をノートにメモして進む。これをひたすら繰り返しながら最後まで一応読み、次にそのノートを広げながら、もう一度頭から読み返す。そのときに、前回の自分の質問に自分で答えるようにしながら読むんです。これを三回繰り返して、次の本に進む。そんな、勝手な勉強法でした。

四年生になって、もうちょっと経済学を勉強したいと思い、東大の経済学部への学士入学を考えました。そうしたら、大学院重点化でこの年から修士課程だけの大学院入試ができた。それまでは博士までやる五年コースしかなかったんです。それで、大学院修士課程と学士入学の両方の試験を受けたら、両方受かった。迷ったんですが、大学院に受かったらそっちに行きたくなってしまって、大学院に入学手続きをしました。入った直後からもう後悔ばかりです。全然ついていけない。学部三年から入り直すべきだったと、この選択だけはずいぶん後まで後悔しました。毎晩十時まで院生室に残って勉強していました。

## ずっとコンプレックスが抜けなかった

**❤修士論文を書いたんですか？**

一応書きましたけど、今思い起こしてもひどいものでした。でも、とにかく論文を書いて、博士課程に進みました。そこでゲーム理論の魅力にますますハマっていったんですが、経済学では博士号を取っても就職は必ずしも簡単ではない。それで、同級生たちもみんな暗くなっていく。その中で私は明らかに落ちこぼれで、ますます将来が見えないっていうか、私なんかダメじゃんって思って、ものすごく落ち込んで、半分ぐらい逃げ道として留学したんです。

**❤アメリカのペンシルベニア大学ですね。名門大学で、とくに医学や経営学の大学院が有名です。**

東大との交換留学制度があって、それに乗っかっていきました。結局三年いて、こんなに厳しいのはないっていうくらい厳しかったんですけど、一方でなんだか本当に楽しくて、やっぱり経済学が面白いなって思いました。最初の六週間は数学しかしないんです。最後に試験をやって、秋から正規の学期が

(三) Adam Smith（一七二三－一七九〇）：イギリスの哲学者、倫理学者、経済学者。「経済学の父」と呼ばれる。

始まってミクロ経済学、マクロ経済学、計量経済学を二科目ずつやって、一年生の終わりに六科目の試験を受けるんですけど、一科目でも落ちたら基本的には退学になる。同級生は三十人ぐらいいましたけど、学期の途中でもどんどん脱落していく。私はゲーム理論については東大で勉強していて二度目だったので、同級生に頼られて教える側になった。学部生のティーチングアシスタントになり、学部生にミクロ経済学や数学も教えました。留学生同士で経済学の根っこみたいな部分の議論をしたのも懐かしい思い出です。

交換留学生として行きましたが、向こうでPh.D.コース（博士課程）に移り、それから日本での就職先を探しました。そうしたら南山大が公募していて、応募したら専任講師で採用していただけた。ただ、博士論文を書くことができずに就職したので、奥野先生に指摘されたように、私はずっとコンプレックスが抜けなかった。でも、南山大で経済学を教えるようになったら、教えることはすごく楽しくて、学生さんも本当に反応がいいし、学生さんの力が伸びていくのが本当に楽しかった。そのうち、経済学の世界で認められる仕事をするのはもう無理だからって吹っ切れた。正確にいうと、徐々に吹っ切れるようになった。それが結婚して子供を産んだころのことです。

## 一年ずつ二回育休をとった夫に「感謝しかない」

**❤子供を欲しいと思っていたのですか？**

就職してから知り合って、お付き合いを始めた彼が子供を欲しいと願い、それで結婚した感じです。彼は子供が大好きで、夏休みに教会の子供たちをキャンプに連れて行ったりしていた。子供が欲しいという話が出たとき、高齢出産になると思ってすぐ不妊治療に行きました。

**❤え、まだ結婚していないのに？**

はい。不妊治療の本を買って読んで、産婦人科に行って、「年齢相応でとくに問題はない」って言われたんですけど、すぐに治療を始めてくださいってお願いしました。

**❤え〜、普通はまず自然に任せるでしょう。**

悠長なことは言っていられないと思ったんです。結婚式の段取りはすべて向こう任せ。結婚式の翌月に妊娠がわかって、無事に長男が生まれました。分娩台の上で「次の出産は」って話したら、先生に「ここでその相談をする人は珍しいね」って言われた（笑）。二人目も男の子で、三人目は女の子が生まれました。一人目のときも二人目のときも主人が一年ずつ育休を取った。ちょうど男性にも育休をという流れが出てきたときでした。

**❤それにしても男性が一年ずつ二回も育休を取るというのは珍しいですね。**

そこはもう凄い人だと思うし、感謝しかありません。彼は離乳食も作れる父親なんです。もともと一人暮らしが長くて、居酒屋さんで調理のアルバイトをしたぐらい料理が上手で、お菓子作りも好き。家の中のことを本当に何でもできる人です。そうでないと、正直、私はこんな本を書けていないです。

子供ができたら学会や研究会へはまったく行けなくなって、論文一つまともに読む時間も取れなくなって、さんざん悩んだんです。でも、ある意味、もう評価されないから、何をしても平気ってなって、自分が面白いと思うものだけを読み散らかし始めた。行動経済学から心理学、脳科学、さらに動物の話とか赤ちゃん研究とか文化人類学とかまで、いろんなところに行っちゃった。そうしたら全部つながっている。

もともと学問の世界にはものすごい壁がたくさんあって、ちょっと隣の分野に行くだけでも何をやっているかわからなくなるんですけど、とりあえず気にせず突っ込んでいってみると、本当に豊かな世界があった。すごい頭のいい人が真剣に考えた面白い結果がいっぱいある。それで面白くてたまらなくなった。だけど、論文はなかなか書けない。このままでは大学にいられなくなるのではというプレッシャーを感じながら、三人目が生まれた年にかろうじて小さな論文をまとめて、それが大学の紀要に載ったわけです。

このときは私が育休を取ろうとしたんですけど、結局、育休という形にはせずに授業や仕事を減らしていただきました。卒論ゼミなどの仕事があるときは大学に行き、個人的に頼んだシッターさんに研究室で子供を見てもらいながらゼミをしました。それ以外の仕事は自宅でしましたけど、授乳しながら論文を読んでそのまま寝落ちしてしまうこともあったし、つい仕事に夢中になって子供から目を離し、ヒヤリとしたことも……。そこは、本当にあの子に申し訳ない気持ちしかありません。

## 経済学を人間の進化と結び付ける

**♥そうやって書いた小さな論文がもとになって本ができたんですね。**

憑かれたように何度も何度も書き直しました。途中段階で他分野も含めた多くの先生方に原稿を読んでいただけて、多数のコメントをいただけました。なかには、忘れられないほど厳しいコメントがあった。それでも、そうしたコメントがあったからこそ、私がごまかしていたり逃げていたりする部分に、正面から向き合わざるを得ないことに気が付いた。「批判を恐れて自分を偽るな」ということは、このときに教えていただけたと思っています。今の私にとって、これ以上ないほど大切な教えです。

**♥それにしても、経済学のどこがそんなに魅力的だったのですか？**

学部生のときは、社会の問題をこんな切り口で見ると、こんなふうに見えるんだという、新しいものの見方の鮮やかな面白さにハマりました。それまでこういう考え方をしたことがなかったので。次に大学院でハマったのは、理論の美しさです。どうしようもないほどの、数学的な美しさです。神々がつくったのではないかとまで思わせられる、一分の狂いもないっていうような、いくら見ても見飽きないような美しさがたまらなくて、逆に現実世界はどうでもいいっていう時期が大学院時代の経済学でした。

ただ、この世界にいる限り、私が何か新しいものを生み出すことは無理だなって思った。あまりに完成しているので。この美しさを見ることができただけでも本当に幸せだわって思いながら、でも私はどういう論文を書くのか、いつまでもテーマが見つからなかった。見つからないまま、日本に戻り、悪戦苦闘してきたわけです。

**❤日経・経済図書文化賞の審査委員の一人、大竹文雄(四)・大阪大学特任教授は「高校生から読める優れた啓蒙書」とし、「私たちの意思決定の裏に隠された謎が、次々と解き明かされる」と評しています。最後通牒ゲームでBさんが一円を拒否するのを「謎」と思うのは経済学者だけで、普通の人にとっては当たり前なんですよね。**

そうだと思います。その当たり前という感覚は、この世界の中で生き延びて子孫を残すという可能性を大きくしようとする中で生まれたんだと私は考えています。伝統的な経済学で「不合理」と見える行動も、いわゆる「合理的」な行動も、どちらも同じく進化の過程で身についた生き残り戦略として「合理的」だ、というのが私の主張で、それを「適応合理性」と名付けました。今は、英語版を出せないかと、いろいろ動いています。博士論文についても提出の準備をしています。

**❤それは素晴らしい。**

行動経済学の学会誌では、高知工科大学の三船恒裕(五)先生に「新たな合理性概念を提案する野心的な書」と評されました。あのとき叱ってくださった奥野先生や松井彰彦[六]先生（東京大学教授）、川越敏司[七]先生（公立はこだて未来大学教授）、そして、大竹先生、三船先生をはじめコメントをくださったすべての皆さんに本当に頭が上がりません。無名とか下っ端とか、もうどうでもいいやと思うようになりました。

(四) おおたけ・ふみお：専門は労働経済学、行動経済学。
(五) みふね・のぶひろ：専門は心理学、社会心理学、進化心理学。
(六) まつい・あきひこ：専門はゲーム理論、貨幣論、障害と経済。
(七) かわごえ・としじ：専門はゲーム理論、実験経済学。

# 「男女差の研究を薬に生かしたい」出産で固まった決意

性差薬学

## 黒川洵子さん

くろかわ・じゅんこ
1971年東京都生まれ。東京大学薬学部卒、同大学院薬学系研究科生命薬学専攻修了、博士(薬学)。アメリカ・ジョージタウン大学、コロンビア大学での研究を経て2004年から東京医科歯科大学難治疾患研究所で助手、准教授、2016年から静岡県立大学薬学部教授。

薬は男女の差を理解したうえで処方する必要があるという「性差薬学」を日本に広めているのが黒川洵子さんだ。六年間滞在したアメリカで不整脈にかかわる心臓の分子機構を研究し、それが評価されて東京医科歯科大学の助手になった。そこで長男を出産、大学の女性研究者支援室の活動に受動的に参加するなかで「女性の健康を支える基礎研究が足りていない」という課題に気づく。そこから「性差薬学」という新しい分野への挑戦が始まった。

## 生殖器以外の臓器にも性差がある

**❤「性差薬学」への注目が高まっているそうですね。**

ええ、新薬が市場に出てから撤退するケースについて理由を調べたら、八割が「女性での有害事象の多さ」だったことが大きなきっかけになりました。新薬の開発には長い年月と多大なマンパワーがかかり、撤退は開発した会社の損害にとどまらず、基礎研究を重ねた科学者や開発を支援した公的機関、そして何より、新しい薬を待ちかねていた患者にとって大きな損失です。思いがけない有害作用を受けてしまった女性たちにも申し訳ないことで、それで開発段階から性差に注目すべきだという考えが広まってきました。さらに、もう一つの背景として個別化医療が注目されてきたことがあります。

**❤個別化医療というのは、患者一人一人の体質や病態にあった治療法のことですね。昔はオーダーメイ**

**ド医療とかテーラーメイド医療とも呼ばれていた。政府も大きな予算をつけて推進してきました。**

まず行われたのは、患者や健康な人の遺伝子を調べて、その個人差を医療や予防につなげようという取り組みです。ところが、個人差はたくさんあって、それを調べて病気の診断や予防が前より良くなるかっていうと、劇的には良くならなかった。どうしてか。個人差はお互いに関係していないものがたくさんあって、そういう情報をいくら合わせてもばらつきが増えてしまうんですよ。そこで、男女で真っ二つに分けて解析すると、性別によるばらつきを減らせて、意味のある情報をとりだしやすくなるのではないか、そして、予測率の高い個別化医療が可能になるのではないか、と考えられ始めたんですね。

**❤なるほど。**

生殖器以外の臓器について性差を考慮する研究が欧米で本格的に始まったのは一九八〇年代後半です。日本では、一九九〇年代に天野恵子(一)先生が性差医学を紹介され、臨床の現場で「女性外来」をつくるなどの取り組みがなされるようになったんですが、基礎研究の領域では変化があまり起こらなかった。それが二〇一五年ぐらいから、ようやく基礎研究でも性別を考慮する動きが広まってきて、最近は性差を論じた基礎的な医学論文もたくさん出ています。

## 女性研究者支援室の活動で自分のコアが固まる

**❤二〇一五年というと、黒川さんが静岡県立大の教授になるころですね。**

私は男女差の研究を薬や医療にも生かしたいと教授選で言って、静岡県立大に行きました。心電図には男女差があるということは、心電図が生まれたころからわかっていたんです。でも、その原因は説明がつかなかった。そこに一石を投じる発見をしていたので、これを発展させて循環器系の性差を理解したいと熱く語りました。そんなふうに自分のやりたいことがはっきりしてきたのは、東京医科歯科大学で准教授になってからです。それまでは薬学研究者として「言われたことは何でもやります」みたいな感じでした。

当時、出産・育児と研究の両立を支援しようという国の政策があって、医科歯科大が対象校に採択され、女性研究者支援室ができました。子育て中だった私は最初から委員に呼んでいただけた。支援室長に就任されたのが、内科医で特任教授の荒木葉子先生で、学内に保育園も、派遣型病児保育の利用制度も立ち上がって、みるみるうちに環境が良くなりました。うちの息子も学内の保育園に何度かお世話になり、本当に助かった。病児保育制度は使わずじまいでしたが、いざというときに使えるというのは大

(一) あまの・けいこ（一九四二－）：専門は循環器内科。

きな安心感でしたね。

荒木先生は性差医学にご興味をお持ちで、「医学研究にも関連させたいわね」って最初からおっしゃっていて、それで内外の性差医学の専門家をお招きして講演していただくシリーズをやったんです。私は委員として事務局をやりました。はじめは、すごく受動的だったんですが、国際的に著名なベルリン大学の女性教授や、先ほどの話に出た天野恵子先生らをお招きし、直接お話を聞くなかで徐々に自分のコアが固まっていき、研究の方向性が決まりました。

**❤そう決意したころ、薬学の世界では性差は注目されていなかった。**

そうなんですよ。あのころは、少ない回数の実験の結果を都合良く解釈して、男の人はこう、女の人はこうと決めつけるような話も横行していて、むしろ性差研究は科学的な見方をする人から反発を受けていました。そもそも、男女の差を科学的に調べるには大人数を集めた研究が必要なんです。人は個人差が大きいので。ましてや薬の効果を調べるとなれば、病気の状態だって個人で全然違うわけじゃないですか。国レベルどころか国際レベルの大型研究が必要なんですよ。でも、その時代、そういうのは行われていなかった。にもかかわらず、話題性があるからと、男女差を決めつけたような情報が拡散していることに対し、私も一科学者として、うさんくさく感じていました。

**❤それなのに、なぜ？**

自分の研究結果では、明らかに性差があったんですよ。実験には自信があった。そして、臨床の話ともよく合っていました。実は、私が研究している不整脈領域では、細胞レベルで病気をかなり正確に再現できるんです。化合物をふりかけたり、異常な電気刺激を与えたりして、細胞に不整脈を起こさせる。一九九一年のノーベル生理学・医学賞の受賞対象になったパッチクランプという方法を使うんですけどね。私、その実験が大好きなんです。やめられない止まらない（笑）状態になって、若いころはよく徹夜しました。最初に私が使っていたのはマウスの細胞ですが、山中伸弥先生が発見したｉＰＳ細胞の技術を使えば、ヒトの心臓での証明もできるかもしれない、これはいけるかもしれないと思いました。

最近は「いいところに目をつけたね」なんて言ってくれる人もいるし、「女の人ならではの研究だね」とも言われます。別にそれでいいと思う。自分が女であることは事実なわけだから。私は授業でも妊娠・出産の体験談をよくするんです。薬学部では体のことを教えるんだから、妊娠・出産の話は経験者の私に任せてって言っています。

## 草むしりが好き、虫も好き

**❤生い立ちを聞かせてください。**

東京の郊外で生まれました。父は会社員で母は専業主婦、私は一人っ子です。幼いころ、岡山の祖父母の家によく行きました。大きな農家で、私は草むしりが大好きだった。毎日やっていると、違うのが生えてくるのが楽しかった。飽きもせず、隅から隅までむしっていました。虫も好きでした。今も好きです。

小学校は楽しかった。勉強も好きだし、先生も友達も大好きで、学校の先生になりたいと思ったことはあったけれど、運動が苦手だったので小学校の先生は無理だろうと思ってた（笑）。塾に行くようになって算数の楽しさを知ったのと同時に「上には上がいる」とわかって努力の大切さを知りましたね。それ以来、座右の銘は「勤勉」です。「己を知る」ということも自分に常に言い聞かせています。幸い、中高一貫の私立女子校に受かりました。

## ❤進路はどんなふうに考えていたんですか？

私はなかなか絞れなくて。中学に入ってからは国語が一番得意になったんです。本もたくさん読んでいたので、周りから見たら私は文系だったんですよ。でも、得意を生かすっていうより、職業をどうするかだからねって思って。

## ❤職業に就くという意識ははっきりあったんですか？

ありました。将来、結婚して家庭を持つようなことはないだろうと、なぜか思っていて。一人で生きていくためには一生働けるような仕事を持たないといけない。自分の強みって、アイデアをポンポン出したり、周りを巻き込んでそれを一緒にやったりすること。そういうのを生かしていけたらいいなって考えていました。

そのころ、テレビに何かを開発した若い女の人が出たんですよ。ちょっと記憶が定かでないんですが、キティちゃんだったかなあ。会社員として出した自分のアイデアで世の中の人が喜ぶって、なんて素敵なんだろうって感動したんです。それで、会社に入って自分のアイデアを世の中に出したいと漠然と思うようになった。

東京大学理科Ⅱ類（理学部・農学部進学コース）に入って、はじめは有機化学が面白いと思い、薬学部は有機化学が強いと聞いて、理学部とどちらにするか迷った末、薬学部に進学したんですが、入ってみて迷いだした。自分はそれほど有機化学を好きじゃないと気がついたというか。そんなとき学生実習で心臓の薬理をやったら、心底、面白かったんです。動いている心臓を見ながら、何かぐっとくるものがあった。今思うと、原点は、幼少時の草むしりかもしれない。自然のあるがままを見るということが私の興味の原点だと思います。

### ❤修士課程はその研究室に？

はい、循環器薬理の研究室です。教授は製薬会社で新薬を開発してから東大に移った長尾拓先生で、「これからは女性の時代だよ」「日本は人口が減っていくんだから、優秀な女性が認められる社会じゃなかったらダメだよ」というようなことをよくおっしゃっていた。それですごく勇気づけられましたね。

修士を出たら就職したいと伝えると、長尾先生は「いや、行かないほうがいいよ」とおっしゃった。

「会社の研究所に入ってから女性が博士号を取ると言っても大変だから、博士号は大学で取っちゃったほうがいい」って。それで博士課程に進んだら、その研究室では私が博士に進んだ初めての女性だった。博士課程を終えたときも会社に行きたいという思いを捨てられなかったんですが、先生は「何言ってんの。海外に留学して、もっと外の世界を見たほうがいいよ」って。まあ、そのころは半分、アカデミア（学術界）に残って個人研究を進めるのもいいかなと思っていました。後輩に教えるのもすごい楽しかったし、研究も楽しかったので。このときはもう結婚していたんですけど、一人で海外留学することにしました。

## 留学先を自分で探してアメリカへ

### ❤いつ、どういう方と結婚したんですか？

博士二年のときに大学の同期と。彼は修士を出て会社に入りました。周りを気にせず、自分がやりたいことをやるというあたりが、気が合ったんですね。私の留学を夫はすごく後押ししてくれた。

留学先は基本的に自分で探しました。私がすごく感動した論文があって、それを書いたアメリカ・コロンビア大学の先生に長い手紙を書いたんです。それが正しいやり方なのかよくわからなかったのですが、ポスドク（博士号取得後研究員）として仕事をしたいと伝えました。そうしたら、なぜかコロンビア大の別の先生から「来てほしい」という手紙が来た。長尾先生に相談したら「それも何かのチャンスだから行ってみたら」と言われ、行くなら日本で奨学金を取っていったほうが自由に研究できるとアドバイスももらった。それで民間財団から取りました。アメリカは実力次第なのですが、私の場合は英語が苦手というハンデがあったから、この奨学金にとても助けられました。

奨学金の申請時期の関係で、コロンビア大に行く前にジョージタウン大学に行って実験技術を学び、その技術をベースにして研究を進めました。ボスはすごく忙しい方で、基本的には自分で自由にやって、運動して心臓の拍動が速くなるときに出るホルモンが心筋に作用して心筋の電気的なリズムも速めるという仕組みを細胞レベルで再現することに成功しました。その論文は『サイエンス』に載ったし、今も引用されているので、すごく良かった。

## ❤アメリカではずっと一人暮らしですか?

いえ、夫は、私が行ってから四年目にアメリカ勤務の希望が通ってやってきました。日本では子供がいる女性研究者をほとんど見たことがなかったのに、アメリカには普通にいる。産むならアメリカだよねって言っていたけど、残念ながら、そうはいかなかった。そのころ、医科歯科大の古川哲史(二)先生から突然メールが来て、最後に「もし日本の方じゃなかったら日本語でメールを書いてごめんなさい」って書いてあった(笑)。『サイエンス』に出た論文を見て連絡をくれたんですね。最初は笑ってしまった

(二) ふるかわ・てつし(一九五七―):専門は循環器内科、生理学、薬理学。

けれど、日本人の名前であっても日本語を話せない方もいらっしゃるから、気遣いですよね。優しい先生だなと思いました。九・一一の同時多発テロが起きてから、アメリカも住みにくくなったと感じていたところで、お誘いを喜んで受けました。調べてみたら古川先生は重要な論文をたくさん出していて、循環器内科の臨床もされていて、基礎研究もされているすごく立派な先生だった。

日本に帰り、助手に着任してまもなく妊娠がわかったんです。すぐに教授室に飛んで行って「先生どうしよう！」って言ったら、先生もびっくりしながら「いや、おめでとう」っておっしゃってくれた。古川先生は必要以上にフォローせず、淡々と研究のことについて話す感じで、すごくやりやすく感じました。子供がゼロ歳のときもアメリカで学会発表したし、実験をやりに遠くの大学まで出張することもありました。自由にできた一方で、できないときにはいつでも断れる感じでした。こういう雰囲気づくりは、自分が上司になったときにも気をつけようと思っているポイントで、古川先生から多くを学びました。

## 実母と近居、掃除はルンバ

**❤日本には彼も一緒に帰ってきたんですか？**

はい、ずっと一緒に住んでいます。帰国したとき、私の父は亡くなっていて、母は東京郊外で一人で暮らしていた。長男が生まれてから、大学から数駅離れた私たちの家まで二時間近くかけてときどき手伝いにきてくれましたけど、やがてそれでは回らなくなり、もっと大学に近いところに母ともども引っ越しました。

母とは同居ではなく近居ですが、子供の晩ごはんを作ってもらえたりして、本当に助かった。自分たちで何とかしようと頑張りましたが、母の協力なくしてはやりきれなかったと思います。静岡県立大に就職してから、母も一緒に新横浜駅の近くに引っ越しました。

母が近くに来る前に、私は切迫早産をやっているんですよ。これは早産しそうという状態で、絶対に安静にしていなければいけない。でも、入院しませんでした。先生に「女の人は家にいるとご主人の朝ごはんとか作らないといけないでしょ」って言われましたが、「あ、私は何もしません。ご心配なく」って。

**♥(笑)。それは結婚当初からそうだったんですか？**

そうですね。家事はできるほうがやれば良いというか。ただ私、料理をするのが好きなんですよ。好きだからやっていました。女だからやっているっていう感覚は一ミリもなかったですね。他の人に手作りケーキを振る舞ったりするのも大好きで。その代わり掃除は大嫌い。だから、ルンバです。夫婦そろって嫌いだったので、機械で解決しようって。ルンバはどんどんバージョンアップして、外出先から携帯でピピッてやると勝手に掃除をしてくれます。

❤ルンバが活躍するには片づけが必要ですよね。

最初からルンバのために家具を買い、ルンバが通れるようにするんです。床に物を置くなんて絶対許されません。うちはルンバファーストです。

❤素晴らしい。

## 学生たちと一緒に説得力あるデータを出したい

静岡県立大は、キャンパスが広々として綺麗だし、美術館も近くにあって、文化的にも見るべきものが多い。自然もいっぱい、食べ物やお酒もおいしい。自宅から一時間半で着きます。もっと新幹線の本数が多ければ最高ですが(笑)。大学からは富士山がどーんと見えます。実験室の面積は医科歯科大のときの二倍ぐらいかな、ラボにいる人数も多いけど。学生も真面目で熱心で、教えがいがある。学生が成長するのを間近で見られるこの環境は、本当に幸せ。彼ら彼女らと良い研究がしたいと、心から思います。個人で研究をするより、ずっと楽しい。

❤これからやりたいことは?

世界に向けて「こんなメカニズムがあるんだったら、男の人と女の人で薬物治療を別々に考えないとまずいよね」っていう説得力のある基礎データを研究室員と一緒に出したいですね。

いま注目してるのは、感染症になったときの症状の出方が男女で違うことです。感染によって体中で炎症反応が起こると、臓器障害が起きて重症化する。性ホルモンが全身の臓器で性別による違いをもたらすことはよく知られていますが、最近は他のメカニズムも複雑に絡みあっていることがわかってきて、私はX染色体上の遺伝子に目をつけています。炎症反応をつかさどる遺伝子がとくにX染色体にたくさんあるんですよ。

性差薬学研究は、これまでの平均値でとらえていたライフサイエンスからの脱却とも考えられます。そういう意味では、ライフサイエンスの変革を牽引する分野なんです。

# 遠距離結婚でワンオペ育児も苦にせず、神経難病の薬開発を目指す

神経薬理学

## 村松里衣子さん


むらまつ・りえこ

1980年福井県生まれ。東北大学薬学部卒、同大大学院薬学研究科修士課程修了、2008年東京大学大学院薬学系研究科博士課程修了、博士（薬学）。2008年から大阪大学大学院医学系研究科に所属、特任助教、助教を経て2014年から准教授。2018年から国立精神・神経医療研究センター神経研究所神経薬理研究部部長。

村松里衣子さんは、脳や脊髄の神経回路が傷ついたとき何が修復させるのか探ってきた。その成果を神経難病の治療に役立てたいと国立精神・神経医療研究センター（ＮＣＮＰ、東京都小平市）で二十人のメンバーを率いる。大阪大学で働いていたときに関東地方で働くかつての同級生と結婚、妻が東京に職場を移すタイミングで夫はアメリカに赴任。子供二人をいわゆる「ワンオペ」で育てること約十年に及んだのに、「大変」という言葉は一度も発しなかった。

## 公募サイトで検索して、東京の教授職に応募

**❤ここは病院と研究所の両方があって、精神疾患や神経疾患などの治療や研究をするナショナルセンターです。敷地もとても広い。そこの神経研究所で神経薬理研究部の部長に二〇一八年に就任されました。部長というのは、大学で言えば教授相当の職なんですね。**

そうですね。私は博士号取得後十年間、大阪大学にいました。その間に結婚し、子供を二人産みましたが、夫の勤務地は茨城県つくば市や東京でした。子供たちが大きくなってきて、やっぱりお父さんが一緒にいたほうがいいかなと思って、関東で就職先を探しました。公募サイトで、「東京」をクリックして、職位は「教授」をクリックし、それと私の専門分野を入力して検索したら、パパーッと出てくるので、その中で場違いじゃなさそうなところにいくつか挑戦しました。

❤いくつ挑戦したのですか？

時期がちょっとずれるんですけど、五か所ぐらい出しました。

❤それで最初に決まったのがここ？

いえいえ、ここが最後です。というか、ほかは大学に出したんですが、何でしょう、たぶん、求められる人物像ではなかったんです（笑）。その当時、上司に言われたのは「年齢」で、三十六歳とか三十七歳で大学の教授は「まだちょっと早い」と見られるって。でも、それでもあんまり気にせず応募しちゃうタイプなんですけど。

ただ、自分としても未熟だなというのは実感としてあった。教授職に応募しようと思ってみると、見えてくるものが変わってくる。たとえば、助教のときに伸び伸びと実験ができたのは、教授がいい環境をつくってくれていたんだなあということがわかってきた。実際、独立してみると、本当にそれはすごいことなんだなと痛感します。

❤この研究所は以前から知っていたんですか？

はい。学生時代にちょっと見学に来たことがあって、その後は阪大時代にここで開かれた研究会に何度か参加しました。知っている先生がいらしたから、安心して応募したというのはありました。とはいえ、面接のときはすごく緊張して、どんなことを話したか全然覚えていません。

### ❤現在の陣容は？

室長が二人、研究員が三人、研究補助員が二人、それから大学からの研究生が今は十二人います。阪大時代に私は、すい臓が出すホルモンに神経回路を修復させる作用があることを見つけ、それから、いくつかの臓器から出てくる生理活性物質(一)が老化で衰えた脳の修復力を回復させることも見つけた。脳の外にある臓器からの物質が神経回路に影響を与えることはそれまで明らかになっていませんでした。私の研究室には、こういう「臓器間ネットワーク」に興味を持っている人たちが来てくれているので、その基礎研究をもっと発展させていきたい。最近は、それをどうしたら薬につなげられるかにも力を入れています。私個人としては、製薬会社の人や病院の先生たちとの共同研究に積極的に取り組んでいるところです。

## 模試の判定が良かったので東北大を受験

### ❤薬学に興味を持ったのはいつごろですか？

父が福井大学医学部の教授をしていたので、医療系に行きたいという思いは漠然と持っていました。小中学校は福井大学附属でしたが、附属は中学までしかないので、高校は県立です。高校時代は成績も

(一)　生命現象に影響を与える物質の総称。

あまり良くなくて。医療系というと医学部が第一選択肢になると思うんですけど、受験勉強が大変じゃないですか。たまたま模擬試験で志望校を東北大学薬学部って書いたらそのときの評価が良かった。それでいろいろ調べていくと、なんか素敵な大学だなと。大きな大学に行きたいとは思っていて、それに東京や関西は就職してから将来行くことはあるかなと思って、東北大に入りました。

## ❤面白い選び方ですね。

きっかけは模試の判定ですけど（笑）。仙台はいいところでした。薬学部は山の上にキャンパスがあって、四年生になって夜遅くまで実験していると、窓から見える星がすごく奇麗なんですよ。

## ❤日本海側は曇りの日が多いですからね。

そうなんですよ。それに、山だから少し標高が高いし、周りは暗いし。あの星空が卒業研究のときの思い出です。そのまま修士に進んで、気管支の炎症、つまり免疫系の研究をしました。そのときの教授は、私の博士課程の途中で定年退官を迎えるということがわかっていた。薬学の場合は博士号をとってから企業に就職する人もかなり多いですし、私自身はどうしようか迷っていました。准教授の先生に相談したら、教授が変わると不安定になるかもしれないから博士課程は別の大学院も考えたほうがいいとアドバイスを受けて、それでいろんな分野の総説とかを見て、神経（の研究）が楽しそうだなと直感的に思ったんです。現実的には大学院の入試に受からないといけない。全国の大学院入試の日程を調べたら、東京大学が一番早かった。だから東大を受けました。

**❤ほかの大学でも良かった?**

ほかの大学も見れば見るほど、ここいいな、と思うところはたくさんあったんです。だけど、決めかねるというか、たぶん、自分の性格的にはどこに行っても楽しい人なんです。ただ、東大の先生たちは優秀すぎて、私は研究者として無理かなって思ったときも結構あった。

ところが、博士二年で研究会でポスター発表をしたときに出会った山下俊英先生（当時は千葉大学大学院教授）が、その二か月後の日本神経科学学会で「うちに来ませんか」と声をかけてくださったんです。それまで何となく研究者になりたいと思っていましたけど、ふわふわしていた。声をかけていただいて、やっていこうという気持ちになったんだと思います。山下先生は、私が博士三年のときに阪大に異動され、それで私も阪大にポスドク（博士号取得後研究員）として行きました。

## 強い意志があったわけではないけれど「つないできた」

**❤山下先生はどうして声をかけてくださったんですか?**

それ、聞いたことがあるんですよ。「第一印象だ」って（笑）。そもそも私は博士課程から研究室を変えたから、業績ってなかったんですよ。「業績がないんですけど大丈夫ですか?」と聞いたのは覚えています。「大丈夫です」って言われて。

**❤へーっ。ポスター発表の内容が良かったんですかね。**

それは、覚えてないって（笑）。一生懸命発表していた様子は覚えていたみたいですけど。阪大では特任助教から助教になり、居心地は良かったんですけれど、将来に対する不安は普通にありました。科学技術振興機構（JST）の「さきがけ研究者」（若手のチャレンジングな研究を支援するプログラム）には何度も応募しましたが、全然ひっかからなかった。四回目に分野を変えて「恒常性」について研究する領域（「生体における動的恒常性維持・変容機構の解明と制御」領域）に応募したら、二期生として採用されました。これは嬉しかった。いただいた研究費で、神経系と血管系の「臓器間ネットワーク」を研究しました。私は何になりたいという強い意志があったわけではないんですけど、さきがけに通る（二〇一三年）とか、文部科学大臣若手科学者賞を受ける（二〇一四年）とか、その都度その都度、何か励まされるイベントがあって、何とかつないできた感じです。

**❤結婚はいつですか？**

阪大に来て二年後ぐらい。相手は、東大の博士課程時代の同級生です。そのときはただの同級生でしたが、すごくいろんな話をしました。私、自覚はないんですけど、「研究バカ」（笑）らしいので、どうしたらもっと面白い研究ができるか、みたいな話を周りの人にしょっちゅうしていた。それによく付き合ってくれました。彼は博士課程を終えて製薬会社に就職し、茨城県つくば市で研究員をしていました。友人の結婚式で久しぶりに再会し、それで付き合うことになった。

**❤はあん、よくあるパターンですね。でも、大阪とつくばと離ればなれですよね。どうして結婚することに？**

勢いですね。アカデミア（学術界）って異動が結構ある職種なので、離ればなれでも将来的に私が関東に行けばいいかなと思った。あんまり考えずに決めましたね。彼のご家庭は、お父さんが単身赴任を結構されていて、お母さんはニューヨーク生まれで多様性に対する理解がある方で、むしろうちの親のほうが「えっ」となっていました。ただ、アカデミアは異動があることは親も経験してわかっていたので、「あ、そうか」となりました。

## 遠距離結婚、保育園のみでワンオペ育児

**❤結婚してまもなく一人目が生まれたんですね。**

産休の間は実家に帰って、研究費の申請書をたくさん書いていましたけど、全部落ちました。一方で、産休を取る前に出した論文について、「追加実験をしたら掲載する」という返事が来て、復帰したらすぐ追加実験をしました。

**❤子育てはどうしたんですか？**

保育園のみで。

**❤ワンオペで？**

はい。実は子供が寝たあとは自由時間になるんですよ。夜、心置きなく解析とかデスクワークとかができるんです。

**❤え〜、子供ってなかなか寝なかったりするでしょう。**

いや、そんなに難しくなかったですね。「はい、寝るよ〜」って言ったらすぐ。

**❤信じられない。普通は夜泣きをするんですけどねえ。**

うちも泣いていたと思うんですけど、私が寝てて気づかなかったんです、たぶん。

**❤保育園はすぐに入れたんですか？**

いや、待機児童が多かった時代で、ニュースでは私が住んでいた吹田市は「千人待ち」と言っていた。だから、出産前に無認可を探して「生まれたらよろしく」とお願いしておきました。認可保育園に入ったのは一歳の四月からです。

**❤その状況で、大阪にいるときに二人目も産んだ。**

そのときはさきがけ研究員になったあとで、たぶんそのおかげで准教授になっていました。ただ、肩書が変わっても、大学でやっていることはほとんど変わりませんでした。授業は解剖学の講義と実習を何人かで手分けして担当していたのですが、これは私自身の勉強にもなって良かったです。

**❤夫は毎週、大阪に来てくれたのですか？**

いえ、二、三週間に一度です。サンダル履きで新幹線に乗ってきました。子供たちとは、パソコンのテレビ電話機能を使ってよく会話していました。

## 小平市へ異動する直前に夫がアメリカに赴任

**❤二〇一八年に東京・小平市にあるこの研究所に異動して、ようやく一家が一緒に暮らせるようになったんですね。**

それが、私の着任直前に夫のアメリカ駐在が決まって。

**❤え～っ！**

だから、私はもし就職がうまくいかなかったら、アメリカに留学するのもいいかなと考えていました。

♥彼はいつアメリカに行ったのですか？

私が四月に着任して、その前に行きました。状況を知る知人は「旦那に逃げられた人」って言う（笑）。学会のキャリアパス（進路）セミナーなどで話す機会もあるんですけれど、そこでこの話をするとウケる（笑）。

♥何年間アメリカに？

それはわかっていなかったんです。夫は研究員として入社しましたけど、知らないうちにビジネスの人になっていたんですよ。アメリカには駐在員として行った。最長五年という話で、だけど少なくとも私は何年か聞いていなくて、長くいそうな雰囲気が出てきたときに「ちょっとそれはどうなんだ」という話をしたら、帰ってきました。経緯はわかりませんけれど、東京勤務になりました。

♥初めて一緒に暮らすようになった。

はい。しかもコロナ禍でしばらくしたら彼は在宅勤務になりました。一緒にいなかった人が一緒にいるというのは、なかなかだなあと（笑）。

♥なかなか、なんですね。

たぶん、向こうも同じことを思っていた雰囲気はありますけど。

# 子育ての大変さは「気づいていない」

**❤それでどうなりましたか？**

ま、優しいんです、相手が。なので、向こうが努力をしたんじゃないかなあという気がします。

**❤子供たちに変化はありましたか？**

大人の数が増えて、出かけやすくなった、ぐらいですかね。意外と子供たちは変わらない。仲良くしてます。三人きょうだいみたいな感じ（笑）。

**❤子育てでは「大変」という思いはなかったんですか？**

そうですね。なんか、気にしていないかもしれないです。気づいていない、というか。大阪では二人が違う保育園に通っていた時期があって、大学から歩いて五分のところに住んでいたのに、二か所送ってから行くと一時間かかった。車なのに。そういうのに慣れていたので、あんまり悲壮感はなかったですね。東京に来てからの私の動線は、上の子を送り出す、下の子を保育園に送っていく、仕事に行く、下の子を迎えに行き、そのまま学童にいる上の子を迎えに行って帰る、でした。学童は夜七時まで預かってくれた。

**❤今は給食でしょうが、この先、中学や高校ではお弁当が必要になるかもしれませんね。**

どうしましょう。でも、自然解凍する冷凍食品、たくさんありますもん。

**❤晩御飯は作っているんですか？**

最近は全部、夫が作ってくれます。大阪時代は一応作っていました。出来合いをだいぶ買いましたけど。

## いわゆる〝超エリート〟でないけど生き残れた

これまでのインタビューを拝見すると、特色のある方が多いですよね。私、自分の特色って何だろうとすごく考えたんですけど、「没個性」かなと。あんまり特殊なことがないと思うんです。いわゆる〝超エリート〟でもないし。でも、なんかそういう人でも生き残れるっていうのが大事だろうなと思います。

**❤いや、「没個性」ということはないと思いますよ。何だろうな。一言で言えば「無計画」かな。**

確かに無計画です。全体的に何も考えていない人生です。

**❤「研究バカ」という個性もある。**

最近はちょっと大人になった。研究は好きだし、楽しいんですけど、それでそれぞれの人たちが育っていくほうが楽しくなってきた。それと、製薬会社の人をはじめいろんな方とお話しするようになって、世界がすごく広がった。それが楽しいですね。

**❤目標は神経難病の治療薬の開発ですね。**

はい。すい臓からのホルモンは多発性硬化症(二)の治療薬になりうると考えています。薬の開発は十年、二十年とかかる。それを考えると、いま手元にあるものか、ここ数年で出てくる成果を自分が研究者をしている間に世の中に還元したいです。

(二) 脳や脊髄、視神経に炎症が起きることでさまざまな症状が出る病気。良くなったり悪くなったりを繰り返しながら進行していくことが多い。

# 終章

女であるとともに科学者でいられる方々の立ち上り、本当にうれしく喜んでおります。遅すぎたなどとぐちは申しますまい。地上の命を守るため、其のしあわせのため、しっかり手をつないで進みたいと思います。女の、そして科学者の大きな力と、働きを信ずる私は、その社会的責任をも痛感するものです。

（一九五八年の「日本婦人科学者の会」設立総会に寄せた祝辞から）

思想家・平塚らいてう

ひらつか・らいちょう　日本初の女性による文芸誌『青鞜』を発刊。発刊の辞「元始、女性は太陽であった」は女性解放運動の象徴となった。一九七一年没。

**外国に比べて、日本では要職につく女性の比率が少ない。その原因の一つは、日本の歴史上「女性は学問しなくていい」という思想が強かったことにあります。**

これは、女性で初めて東京大学教授になった文化人類学者の中根千枝さん（一九二六－二〇二一）が、二〇一九年のインタビュー（聞き手：ノンフィクション作家・河合香織さん）で語った言葉である（https://news.yahoo.co.jp/feature/1354/）。私はアエラドットで連載をしているときにこの言葉に出会い、ずっと心にあったさまざまな「なぜ？」がこれで解消すると深く感じ入ってしまった。

研究者の中の女性比率が日本は世界のなかで際立って低いのは、この「日本古来の思想」のせいなのだ、たぶん。男女共同参画白書に載る各国比較のグラフを見てほしい。日本はいつも最下位である。ざっくり言って各国データの中央値（つまり、真ん中へんの順位の国の女性比率）の半分しかない。低いにもほどがあるのだ。

イノベーションの実現には科学技術の世界に女性を増やすのがいいということは、各国の政策担当者の間でずいぶん前から常識になっている。異なる視点を持つ女性が入ったほうがイノベーションに必要な「新しい発想」にたどりつく可能性が高いからだ。もちろん、外国人や、「境遇の異なる男性」たちが入るのも有効だろう。だが、数を考えれば「女性」という集団が圧倒的に大きく、そこに働きかけるのが一番政策効果が高いと判断されてきた。

女性を増やす政策は、アメリカでは一九八〇年代から、ヨーロッパでは一九九〇年代から始まった。

一方、日本の文部科学省が「女性研究者関連施策」を初めて予算化したのは二〇〇六年である。これほど遅れたのも「日本古来の思想」のせいだと思えば合点が行くではないか。

昔の父親が娘に「女に学問などいらん」と言ったのも、「古来の思想」をなぞっていたわけだ。

## 文化勲章は「日本古来の思想」を表す

中根千枝さんは、女性で初めて学術分野で文化勲章を受けた方である。太田朋子さんは、自然科学の分野で初めての女性だった。中根さんの名著『タテ社会の人間関係』(講談社現代新書)が出版されたのは一九六七年。一九七〇年に東京大学東洋文化研究所教授となり、一九八七年に定年退官した。文化勲章を受けたのは二〇〇一年、つまり二十一世紀に入ってからだ。

あまりに遅くないだろうか。そう感じて、文化勲章について調べてみた。始まりは一九三七(昭和十二)年である。女性初は一九四八(昭和二十三)年、日本画家の上村松園さんだった。松園さんは一八七五(明治八)年に生まれ、京都府画学校(現・京都市立芸術大学)に学び、シングルマザーとして息子(日本画家の松篁さん。一九八四年に文化勲章)を育て、受章の翌年に七十四歳で亡くなった。

女性の二人目は、『真知子』や『秀吉と利休』などを書いた小説家の野上弥生子さん、一人目から二十三年も間があいた一九七一年だった。以後、日本画家の小倉遊亀さん(一九八〇年)、小説家の円地文子さん(一九八五年)、画家の片岡球子さん(一九八九年)、舞踊家の四代目・井上八千代さん

（一九九〇年）、ファッションデザイナーの森英恵さん（一九九六年）、画家の秋野不矩さん（一九九九年）、皮革工芸家の大久保婦久子さん（二〇〇〇年）、女優の山田五十鈴さん（同年）が続いた。ここまでの十人は、いずれも芸術畑の方々だ。

そして中根さんが女性十一人目となった。もしかすると文化勲章は芸術畑を重視しているのだろうかとこれまた疑問に思い、初期の受章者を調べてみた。昭和十二年の第一回受章者は、原子模型を唱えた物理学者の長岡半太郎や当時世界最強の磁石を開発した本多光太郎、地球の緯度観測に必要なZ項の発見者として知られる天文学者の木村栄らが選ばれており、昭和十五年の第二回受章者には数学者の高木貞治が入っている。昭和十九年までの受章者（もちろん全員男性）の「専攻」を分類してみると、自然科学・工学十三人、社会科学・人文科学系六人、芸術七人となった。

中根さんのあとの女性受章者は、小説家の杉本苑子さん（二〇〇二年）、国連難民高等弁務官や国際協力機構（ＪＩＣＡ）理事長などを務めた緒方貞子さん（二〇〇三年）、女優の森光子さん（二〇〇五年）、小説家の瀬戸内寂聴さん（二〇〇六年）、小説家の田辺聖子さん（二〇〇八年）、歴史学者の脇田晴子さん（二〇一〇年）、小説家の河野多恵子さん（二〇一四年）、染織家の志村ふくみさん（二〇一五年）と続き、そして、二〇一六年の太田朋子さん、草間弥生さん、平岩弓枝さんのトリプル受章を迎える。二〇二〇年には脚本家の橋田寿賀子さん、二〇二一年には分子生物学者の岡崎恒子さんとバレエの牧阿佐美さん、二〇二二年に箏曲の三代目・山勢松韻さん、二〇二三年には小説家の塩野七生さんが選ばれている。「専攻」を分類してみると自然科学二人、社会科学・人文科学系三人、芸術二十二人となる。

男性は学者が多く、女性は芸術家が圧倒的に多い。まさに中根さんの言う「女性は学問しなくていい」という「日本古来の思想」が文化勲章にも表れているではないか。

## 女性たちの語りから日本社会の変化がくっきり見えた

そんな日本で敢えて学問に情熱を傾けてきたのが、本書に登場した女性たちだ。その語りを聞き終えてみると、思いがけない副産物が得られたことに気が付いた。「何となく感じていた日本社会の変化」が「当事者の証言」という裏付けをもって見えてきたのである。見えてきたことは二つあるので、それらを仮説として示したい。

**仮説その一**：学術界で採用や昇格における女性差別がなくなってきたのは二〇〇〇年代以降で、一般化したのは二〇二〇年以降である。

まず、この仮説を論証してみたい。

年長者たちはみな「大学は女性を採用しなかった」「採用しても、男性とは違う扱いをした」などと語った。びっくりするようなハラスメントの証言もあった。かつての大学で女性差別が横行していたのは明らかであろう。

それが変化したのはいつからなのか。平成になってから大学生になった世代の話で印象的なのは、先生や先輩から研究者になるように勧められていることだ。年長の女性研究者たちが周囲から「女性が学問したって就職先はないよ」と〝忠告〟を受けていたのとは一八〇度違う。こういう積極的な勧誘を受ける例がいつごろから出てきたかというと、おおむね二〇〇〇年以降である。もっともインタビューした女性研究者の数は限られ、特別な例をピックアップしている可能性は否めないので、世の中の動きを見てみることにする。

一九八六（昭和六十一）年に施行された「男女雇用機会均等法」は日本社会を大きく変えた法律だった。この法律で、すべての事業主に募集・採用、配置・昇進を男女均等に扱う努力義務が課された。逆に言えば、これ以前は男女均等に扱わなくてもよかった時代、つまり「女性差別が続いた時代」と規定できるだろう。一九四六（昭和二十一）年に公布され、翌年施行された日本国憲法には男女平等がうたわれ、それまでほとんど女性に門戸を閉ざしていた国立大学もすべて男女共学になったのだが、人々の考え方や社会の仕組みは簡単には変わらなかったのだ。

次の節目は、一九九九（平成十一）年だろう。この年に「男女が社会の対等な構成員としてあらゆる活動に参画でき、共に責任を負うべき社会」を実現するための「男女共同参画社会基本法」が施行された。同時に雇用機会均等法が改正され、「努力義務」だったものが「義務」となった。「結果的に均等にならなくても努力すればＯＫ」だったのが、「均等にしなければダメ」となったのだ。

したがって、一九八六年から一九九九年までは「対等への努力が始まった時代」であり、そのあとが「対等を実現への時代」と区分できる。この歴史経過からも、「学術界で女性差別がなくなってきたのは二〇〇〇年代以降」とする説にうなずいていただけるのではないだろうか。

## 猿橋勝子さんが果たした大きな役割

女性研究者の地位向上にとっては、一九八〇年に猿橋勝子さん（一九二〇-二〇〇七）が日本学術会議で女性初の会員になったことが大きな一歩となった。猿橋さんは帝国女子理学専門学校（現・東邦大学理学部）で学び、気象庁気象研究所に就職し研究官として定年（そのときは地球化学研究部長）まで勤めた。核実験で大気中にばらまかれた、いわゆる「死の灰」の分析実験の第一人者だった。

日本学術会議は、かつて「学者の国会」と呼ばれ、この当時は全国の学者による投票で二百十人の会員を選んでいた。戦後に「日本学術会議法」が制定されて活動を始めてからずっと男性しかいなかったところへ、女性として初めて猿橋さんが立候補し、当選したのである。

背景には、一九七五年の「国際婦人年」からの「女性差別をなくそう」という世界的なうねりがあった。一九七九年には国連総会で「女子差別撤廃条約」が採択されている。この条約は批准した国が二十に達したときから三十日目に効力を発すると定められ、発効したのは一九八一年だった。日本が批准するのは一九八五年と遅れた。男女を差別的に扱う法律があったからで、それらを改正してようやく批准した。

猿橋さんが会員になると、学術会議の「科学者の地位委員会」の中に「婦人研究者の地位分科会」ができた。分科会の委員長には経済学者の塩田庄兵衛さん（一九二一-二〇〇九）が就き、猿橋さんは幹事になった。こうして公的に女性研究者の問題が論じられるようになったのは画期的なことで、猿橋さんの当選なしには考えられないことだった。この分科会の委員が中心となり文部省の研究費を使って実施された「婦人研究者のライフサイクル調査研究」では、研究業績と地位を定量化して男女で比較し、同程度の業績であっても女性の地位は男性より格段に低いことを明らかにした。とはいえ、この問題に関心を持つ男性は一部にとどまったというのが実態だろう。

より大きな社会的インパクトを与えたのが、「猿橋賞」の創設である。猿橋さんは自らの退職金と寄付金で「女性科学者に明るい未来をの会」を設立した。この会が一九八一年から「自然科学分野で優れた業績をあげた五十歳未満の女性研究者」を表彰する事業を始めた。受賞者を新聞・テレビが報道し、それによって女性研究者の存在が社会で広く知られることになった。本書で取材した二十八人のうち七人が猿橋賞受賞者である。本文では触れなかったが、数学者の石井志保子さんは東京工業大学助教授だった一九九五年に、神経科学者の森郁恵さんは名古屋大学教授として二〇〇六年に、素粒子実験の市川温子さんは京都大学准教授だった二〇二〇年に選ばれている。受賞者たちはそれぞれに受賞による何らかのメリット、いわゆる「猿橋効果」を実感していた。こうして、少しずつ日本社会は動いていった。

一方、二〇〇〇年代に入ってからの大学の状況を振り返ると、国立大学は「法人化」という話が出てきて、てんやわんやの状況が続いたのだった。中央省庁の省庁再編が実行されたのが二〇〇一年。その三年後に国立大学が法人化され、国立研究所も法人化された。だから、「対等を実現への時代」に入ったと言っても、二〇〇〇年代の国立大学は「それどころではなかった」というのが実態で、実は「笛吹けど踊らず」の時代だったのだ。

おそらく二〇一三年に安倍晋三首相（当時）が成長戦略の目玉として「女性活躍」を打ち出したあたりから、ようやく大学当局が組織としての取り組みの必要性に気が付き始めたのだろうと思う。二〇一五（平成二十七）年には「女性活躍推進法（女性の職業生活における活躍の推進に関する法律）」が成立している。これは十年間の時限立法で、事業主に女性活躍の基本方針と行動計画を作ることや、それに関する情報公開を義務づけている。大学も当然、従わなければならない。

東京工業大学が八部局で女性限定の教員公募を実施したのが二〇二二（令和四）年である。同じ年の十一月に東京大学は「二〇二七年度までに女性の教授と准教授を計約三百人採用する」という女性リーダー育成プロジェクトを発表した。**仮説その一**の後半で「学術界で女性差別をなくす動きが一般化したのは二〇二〇年以降」とした妥当性もわかっていただけたと思う。

## 家庭でのタスク分担における意識革命

次の仮説に移ろう。

## 仮説その二：学術界の男女平等は、家庭でのタスク分担の意識革命があって初めて実現した。

これこそ、インタビューをしたからこそ得られた「大発見」だと私は思っている。一九五〇年代までに生まれた女性研究者の配偶者は、大半が家事育児、つまり家庭でのタスクにかかわっていない。かかわろうともしない。そうなると女性が一人で何とかやりくりするか、あるいは子供を持つのを諦めるか、という選択肢しかなくなる。

一九六〇年代に生まれた女性研究者になると、家庭内タスクを平等に分担する配偶者が例外的に出て来る。一九七〇年代以降に生まれた女性研究者の配偶者は、ほぼ例外なく平等に家庭でのタスクを分担している。逆に言えば、それがなくては女性が学術界で対等に仕事をするのは無理なのである。

しかも、一九七〇年生まれの実験物理学者・市川温子さんは家事育児を引き受ける夫のことを「偉いです。めちゃくちゃ偉いです」と褒めそやすのに対し、一九八五年生まれの数学者・佐々田槙子さんは褒めたりしない。「自分の子どもなんだから自分で育てるってちゃんと思ってるんじゃないかな。この数年は夫が料理を一〇〇パーセントやっています。大学入学から結婚するまで一人暮らしだったので、苦にならないみたいです。それでも、洗濯とか掃除とか小学校や保育園のこととか、いろいろやることは腐るほどあるので、何度もケンカはしています」と自然体で語る。もはや「家事育児は女性がやるもの」という意識は微塵もない。「夫婦でやるものだ」と夫も妻も思っている。こういう「家庭でのタスク分担の意識革命」がいま起きているのである。

総務省の調査（令和三年社会生活基本調査）によれば、家事関連（家事、介護・看護、育児、買い物）に費やす時間は女性三・二四時間に対して男性は〇・五一時間である（二〇二一年調査）。六歳未満の子供を持つ夫婦に限ると、女性は七・二八時間に跳ね上がり、男性は一・五四時間と一時間ほど増えるだけ。まだまだ日本の夫の多くは家事育児を妻と平等に分担してはいない。

おそらく研究者カップルが日本のなかで先陣を切って意識革命を起こしているのだ。この革命のポイントは、夫婦がともに旧来の「家事育児は女性がやるもの」という「思想」から自由になることだ。果たして、この意識革命はどこまで広がるだろうか。社会の臨界点（それがどの程度のところにあるのかは判然としないが）を超えれば、日本はガラッと変わる。そのときには「女性は学問しなくていい」という「日本古来の思想」も雲散霧消するはずである。

これは、もしかすると「日本史上初の大革命」なのか？　その始まりを私は目の当たりにしたのだろうか。いや、大昔のカップルがどのように考えていたか私はわからないので、「史上初」ではないのかもしれない。けれど、そんなことはどっちでもよい。とにかく日本社会が大きく変わる予兆を感じて、私はワクワクしている。

# 出典と参考文献

## 序章

扉：「女性と科學」加藤セチ　『線：科學隨筆』堀川豊永編　人文閣
『信じた道の先に、花は咲く。86歳女性科学者の日々幸せを実感する生き方』太田朋子著　マガジンハウス

## 第一章　生物・生命科学

扉：「女性と科学―科学ははたして女性に適した仕事か」（桜蔭会会報第九八号より）
『湯浅年子パリに生きて』山崎美和恵編　みすず書房
『私が進化生物学者になった理由』長谷川眞理子著　岩波現代文庫
『未来のエリートのための最強の学び方』佐藤優著　集英社インターナショナル

## 第二章　数学・物理学

扉：「ウーマン・イン・サイエンス―米国の悩み　科学技術の世界から女性とマイノリティーが排除されている」
高橋真理子「論座」朝日新聞社　二〇一五年三月十四日公開
『南極に暮らす　日本女性初の越冬体験』坂野井和代、東野陽子著　岩波書店

## 第三章　化学・工学

扉：「女性物理学者ファビオラ・ジャノッティさんの魅力」

『「かわいい」工学』大倉典子編著　朝倉書店

高橋真理子「論座」朝日新聞社　二〇一三年十二月十九日公開

## 第四章　医学・心理学ほか

扉：「女性活躍推進策でこんなに違う日本とカナダ　第1回カナダ女性の日本ビジネス使節団来日で知るトルドー首相の本気」高橋真理子「論座」朝日新聞社　二〇一九年四月十五日公開

『女性研究者とワークライフバランス　キャリアを積むこと、家族を持つこと』

仲真紀子、久保（川合）南海子編著　新曜社

『運動ゼロ、カロリーを考えずに好きなものを食べてやせる食生活』

堀口逸子、平川あずさ著、木村いこマンガ　池田書店

『最後通牒ゲームの謎　進化心理学からみた行動ゲーム理論入門』小林佳世子著　日本評論社

## 終章

扉：『女性科学者に明るい未来を』湯浅明、猿橋勝子ほか著　ドメス出版

『拓く　日本の女性科学者の軌跡』都河明子、嘉ノ海暁子著　ドメス出版

『女性科学者に明るい未来を』湯浅明、猿橋勝子ほか著　ドメス出版

『女性科学者に一条の光を　猿橋賞30年の軌跡』女性科学者に明るい未来をの会編　ドメス出版

「女性研究者がきわだって少ない「変な国」日本」高橋真理子「論座」朝日新聞社　二〇一一年二月二十二日公開

「何と日本的。「女子に三角関数、何になる?」発言　伊藤鹿児島県知事、あわてて撤回するなど日本男児として恥ずかしいですよ」高橋真理子「論座」朝日新聞社　二〇一五年九月二日公開

# 初出一覧

第一～四章の初出はAERA.dot（アエラドット）。

## 序章

孤立無援から栄光へ、「中立説」に対抗する進化学説の長い道のり◎太田朋子さん（集団遺伝学）……朝日新聞社「論座」二〇二〇年九月十、十一日

## 第一章　生物・生命科学

カボチャの種を研究し続け、つかんだ大学教授への道◎西村いくこさん（植物細胞生物学）……二〇二三年九月十九日
「生物を丸ごと研究したい」学会を新たに作って初志貫徹◎長谷川真理子さん（進化生物学）……二〇二三年一月三日
乾燥に耐える植物の仕組みを解明し、夫と共同で学士院賞◎篠崎和子さん（植物分子生理学）……二〇二三年六月六日
「好きに生きる」遺伝子と行動の関係を線虫で探る◎森　郁恵さん（神経科学）……二〇二三年四月十八日
科学コミュニケーション副専攻をつくった生命科学者の突破力◎野口範子さん（生命科学）……二〇二三年三月二十一日
妻が教授、夫が助教授の「家庭内アファーマティブアクション」◎条　昭苑さん（細胞生物学）……二〇二三年二月二十一日
「家族は一緒に暮らす」を貫き、アメリカと日本で「生命の起源」研究◎鈴木志野さん（地球生命科学）……二〇二三年十一月二十一日

## 第二章　数学・物理学

結婚してから家で論文を書き、世界的数学者に◎石井志保子さん（代数幾何学）……二〇二三年一月十七日

大学からも政府からも頼りにされ、数学研究も研究運営も全力投球◎小谷元子さん（離散幾何解析学）……二〇二四年一月三十日

「心身がガタガタだった」三十代からの大いなる復活◎大竹淑恵さん（中性子物理学）……二〇二三年五月二日

ウジウジ悩みながら五百人の国際チームを率いた◎市川温子さん（素粒子実験）……二〇二三年三月七日

女性初の南極越冬隊員の経験が大学業務に生きる◎坂野井和代さん（地球物理学）……二〇二三年十一月七日

日本では味わえない解放感をデンマークで知る◎御手洗菜美子さん（生物物理）……二〇二三年八月十五日

数学の世界にダイバーシティーとインクルージョンを◎佐々田槙子さん（確率論）……二〇二三年九月五日

## 第三章　化学・工学

四十二歳で大学院へ、主婦から教授になった緑地デザインの開拓者◎石川幹子さん（都市環境学）……二〇二三年四月四日

大学が女性に冷たかった時代を生き抜いた化学者の自負◎西川惠子さん（物理化学）……二〇二三年八月一日

高卒扱いでの就職から「かわいい工学」を創始するまで◎大倉典子さん（感性工学）……二〇二三年七月四日

週末は子供のスポーツ活動を全力支援、金属学者の心意気◎梅津理恵さん（金属学）……二〇二三年十二月十九日

データベースで新材料開発　「研究と子育ては完全につながっている」◎桂　ゆかりさん（材料科学）……二〇二三年十月十七日

世界を放浪して都市工学者になったシングルマザーの意欲満々◎小野　悠さん（都市工学）……二〇二三年二月七日

## 第四章　医学・心理学ほか


熱帯病・フィラリアの撲滅に「命をかけてきた」元ＷＨＯ統括官◎一盛和世さん（国際公衆衛生）……二〇二四年一月二日

「多動」をパワーに大学を改革し、「司法面接」を広めた心理学者◎仲　真紀子さん（法と心理学）……二〇二三年十二月五日

再生医療の普及に執念を燃やす・ｉＰＳ細胞応用のパイオニア◎高橋政代さん（再生医療）……二〇二三年十月三日

親と意見が合わず三年間引きこもりから、研究と社会をつなぐ仕事へ◎堀口逸子さん（公衆衛生学）……二〇二三年七月十八日

学問の壁を乗り越え探究、引け目を脱して経済学に新風を吹き込む◎小林佳世子さん（行動経済学）……二〇二三年六月二十日

「男女差の研究を薬に生かしたい」出産で固まった決意◎黒川洵子さん（性差薬学）……二〇二四年一月十六日

遠距離結婚でワンオペ育児も苦にせず、神経難病の薬開発を目指す◎村松里衣子さん（神経薬理学）……二〇二三年五月二十三日

著者：

高橋真理子（たかはし・まりこ）

ジャーナリスト、元朝日新聞科学コーディネーター。

東京大学理学部物理学科卒。1979年に朝日新聞社入社、岐阜支局員、科学部記者、出版局「科学朝日」編集部員、論説委員、科学エディター（部長）、編集委員などを務め、2021年退社。

著書に『重力波発見！ ——新しい天文学の扉を開く黄金のカギ』（新潮選書）、『村山さん、宇宙はどこまでわかったんですか？ ——ビッグバンからヒッグス粒子へ』（朝日新聞出版）、訳書に『量子力学の基本原理 ——なぜ常識と相容れないのか』（日本評論社）など。

2002年から07年まで世界科学ジャーナリスト連盟理事。

科学《かがく》に魅《み》せられて

女性研究者《じょせいけんきゅうしゃ》という生《い》き方《かた》

2024年10月5日　第1版第1刷発行

著者　高橋真理子

発行所　株式会社 日本評論社
〒170-8474　東京都豊島区南大塚3-12-4
電話　03-3987-8621［販売］
03-3987-8599［編集］

印刷所　株式会社 精興社

製本所　株式会社 難波製本

装丁　蔦見初枝（山崎デザイン事務所）

写真　高橋真理子（第一〜四章）



ISBN 978-4-535-79028-5